Christine Rapp

# Moose des Waldbodens

Haupt
NATUR

Christine Rapp

# Moose des Waldbodens

## Der Bestimmungsführer

2. Auflage

Haupt Verlag

## Vorwort

Für das vorliegende Buch gibt es mehrere Beweggründe. So haben einige ältere Werke zum Thema aus unterschiedlichen Gründen keine Überarbeitung und Neuauflagen erfahren. Zu nennen sind hier «Waldmoose» von Mayer und Schönhar (1935–1982), herausgegeben von der Forstlichen Versuchsanstalt Baden-Württemberg, «Moose des Waldes» von Lohwag (1948), «Unsere häufigsten Waldmoose» von Scheffold (1955) und «Moose und Flechten des Waldes» von Schreiter (1955).

Die im Bologna-Prozess durchgeführten Hochschulreformen und neu aufgenommene Lehrinhalte haben zudem dazu geführt, dass den Artenkenntnissen allgemein in der Hochschullehre weniger Bedeutung beigemessen wird, obwohl der Erhalt der Biodiversität als wichtige Aufgabe angesehen wird. Besonders die Moosflora wird bei botanischen Übungen häufig als vernachlässigbar eingestuft, nicht zuletzt, weil sie sich nur mit Anstrengung erschließt. Der Anteil der als «vom Aussterben bedroht» eingestuften Arten der Laubmoose, Lebermoose und Hornmoose Europas ist alarmierend hoch. Nach der neuesten Roten Liste für Europa (2019) werden 22,5 % der 1817 aufgelisteten Arten dieser Gefährdungskategorie zugeordnet. Die Behauptung, dass man nur schützen kann, was man kennt, ist nicht neu! Gerade bei den Moosen sind daher die Voraussetzungen für die Vermittlung und den Erwerb von Artenkenntnissen denkbar ungünstig. Das vorliegende Buch will dazu beitragen, diese Lücke zu schließen. Es richtet sich an Studierende und Interessierte ohne botanische Vorkenntnisse. Der Inhalt umfasst die wichtigsten Informationen für die Bestimmung und dient als Einstieg in weiterführende Literatur. Viele weitere interessante Aspekte mussten unberücksichtigt bleiben, da sie den Rahmen eines Bestimmungsführers sprengen würden.

Die Auswahl der Moosarten richtet sich hauptsächlich nach dem vom Arbeitskreis Standortskartierung (2016) veröffentlichten Buch «Forstliche Standortsaufnahme», aber auch andere Werke wie «Waldmoose» (s. o.) wurden bei der Artenauswahl berücksichtigt. Ein weiteres wichtiges Kriterium bei der Artenauswahl war die Anforderung, dass die Bestimmung der Art mit einer einfachen Botaniker-Lupe (12–20fach) möglich sein sollte. Es kann nicht davon ausgegangen werden, dass alle Nutzer des Bestimmungsführers für eine bei bestimmten Merkmalen notwendige stärkere Vergrößerung auf ein Mikroskop zugreifen können.

Die Artporträts umfassen die wichtigsten Erkennungsmerkmale, die mit Fotos illustriert sind. Diese wurden mit Vergrößerungen aufgenommen, die in der Regel der Ansicht unter einer Lupe entsprechen. Schwerpunkte bilden die ökologischen Ansprüche der Arten und ihre Eignung als Zeigerpflanzen. Die wichtigsten Angaben dafür sind die Zeigerwerte nach Ellenberg, die Waldbindung und die Zugehörigkeit zu den ökologischen Artengruppen. Die wichtigsten Lebensräume, in denen die Arten zu finden sind, werden genannt. Das Buch ist für den Gebrauch in Deutschland und in den angrenzenden Regionen bestimmt, wobei die Alpen nicht enthalten sind.

Bei all denjenigen, die zum Gelingen dieses Buches beigetragen haben, möchte ich mich herzlich bedanken. Hinweise zu Standorten verdanke ich Karola Naeder und Peter Meyer, für die Unterstützung bei Exkursionen bedanke ich mich bei Claudia Kraft, Martin Jansen und Norbert Bartsch. Besonderer Dank gilt Helge Walentowski für die Unterstützung bei der Artbestimmung und die freundliche Überlassung von Pflanzenmaterial und Fotos. Martin Lind und Iris Alder vom Haupt Verlag bin ich sehr dankbar für die Gestaltung des Buches, die gute Zusammenarbeit und ihre Geduld.

Christine Rapp

# Einführung

## Lebensweise und Bau der Moose

Mit ungefähr 24 000 Arten weltweit ist die Gruppe der Moose die zweitgrößte Pflanzengruppe nach den Samenpflanzen, die mit mindestens 250 000 Arten die Pflanzendecke in fast allen Teilen der Erde beherrschen. Die Laubmoose (Bryophyta), Lebermoose (Marchantiophyta) und Hornmoose (Anthocerophyta) bilden zusammen mit den Gefäßpflanzen (Tracheophyta) die Landpflanzen (Embryophyta). Allen gemeinsam ist ein Wechsel zwischen einer geschlechtlichen und einer vegetativen Generation (Kadereit et al. 2014).

Ein zunächst augenfälliges Merkmal der Moospflanzen im Vergleich zu den Gefäßpflanzen ist ihre bis auf wenige Ausnahmen geringe Größe. Das sollte aber nicht dazu verleiten, die Moose nur als kleinere Ausgaben der Gefäßpflanzen anzusehen. Außer der Tatsache, dass sie über den grünen Blattfarbstoff Chlorophyll verfügen und Fotosynthese betreiben – wobei sie mit einer viel geringeren Lichtintensität auskommen – haben die Moospflanzen nur wenige Gemeinsamkeiten mit den Gefäßpflanzen. Die bryologische Zeitschrift «Lindbergia» trägt den Titelzusatz «A journal opposing the tracheophytocentric conception of the world!» Dieser Untertitel bringt zum Ausdruck, dass viele Erkenntnisse, die unsere Vorstellungen vom Leben der Pflanzen prägen, auf Ergebnissen von Untersuchungen an Gefäßpflanzen basieren. Erst in den letzten Jahrzehnten hat ein verstärktes Interesse an Moosen ans Licht gebracht, dass diese in vielerlei Hinsicht anders organisiert sind und neu gedacht werden müssen.



Um den Unterschieden auf die Spur zu kommen, ist ein Blick weit zurück in die Erdgeschichte notwendig. Entwicklungsgeschichtlich handelt es sich bei den Moosen um eine sehr alte Pflanzengruppe. Ihr Beginn wird in das Erdaltertum datiert, ungefähr zur Zeit des Übergangs vom Silur zum Devon, also vor circa 450 Millionen Jahren. Ein entscheidender Wendepunkt im Verlauf der Evolution der Pflanzen war zu dieser Zeit der Übergang vom Meer zum Leben auf dem Land, den die Vorgänger der Moose etwa zeitgleich mit den ersten Gefäßpflanzen versuchten. Dieser Schritt war mit besonderen Anforderungen verbunden. Einerseits musste die Wasserversorgung weiterhin sichergestellt werden, andererseits war ein Schutz vor Austrocknung erforderlich. Diese Herausforderung haben Moose und Gefäßpflanzen auf sehr unterschiedliche Weise gelöst (Proctor und Tuba 2002, Proctor 2011).

Die Gefäßpflanzen wurden mit der Fähigkeit zur Lignin-Synthese in die Lage versetzt, stabile und tragfähige Vegetationskörper auszubilden und diese durch ein inneres Leitungssystem und mithilfe von Wurzeln mit Wasser aus dem Boden zu versorgen. Gleichzeitig schützen Abschlussgewebe und ein wachsartiger Überzug (Kutikula) die Blätter vor Austrocknung. Spaltöffnungen tragen zu einem geregelten, von der Umgebung unabhängigen Wasserhaushalt bei. Pflanzen, die über diese Fähigkeit verfügen, nennt man eigenfeuchte (homoiohydrische) Pflanzen.

Eine grundsätzlich andere Lebensweise haben die Moose entwickelt. Bis auf wenige Ausnahmen haben sie kein inneres Wasserleitungssystem, sondern machen sich durch die besondere Gestalt und Anordnung ihrer Blättchen Kapillarkräfte zunutze, indem diese das Wasser außen an den Stämmchen nach oben leiten. Moose können Fotosynthese nur in feuchtem Zustand betreiben. Sobald es in ihrer Umgebung zu trocken wird, sind sie in der Lage, in einen Zustand «latenten Lebens» (Anabiose, Kryptobiose) zu wechseln, bei dem alle Stoffwechselvorgänge extrem reduziert sind. In diesem Zustand überdauern sie, bis sie wieder befeuchtet werden. Es gibt erstaunliche Berichte von Moosen, die nach Jahrzehnten, die sie in Herbarien verbracht haben, durch Befeuchtung wieder aktiviert werden konnten. Selbst Moose, die unter Gletschern seit der Kleinen Eiszeit (1550–1850) ausgeharrt haben, zeigten nach ihrer Freigabe durch den Rückzug des Gletschers die Fähigkeit zur Regeneration (La Farge et al. 2013). Moose sind vollkommen auf die Wasserversorgung durch die Umgebung angewiesen, d. h., sie sind wechselfeuchte (poikilyhydrische) Pflanzen. Man könnte sie auch als die Amphibien unter den Pflanzen bezeichnen. Unter den Gefäßpflanzen gibt es nur wenige wechselfeuchte Arten. Sie werden als «Auferstehungspflanzen» bezeichnet und verfügen über eine hohe Austrocknungstoleranz wie beispielsweise die «Echte Rose von Jericho» *(Anastatica hierochuntica)*, eine Wüstenpflanze aus der Familie der Kreuzblütler (Brassicaceae), oder die «Unechte Rose von Jericho» *(Selaginella lepidophylla)* aus der Familie der Moosfarne. Im Übrigen verleiht den Moosen ihre hohe Austrocknungstoleranz verbunden mit Kältetoleranz die Fähigkeit, in unseren Breiten die kalte Jahreszeit als immergrüne Pflanzen zu überstehen. Tatsächlich ist das feuchtere Winterhalbjahr für viele Moose die Hauptvegetationszeit (Frahm und Klaus 2000).

Die hohe Austrocknungstoleranz ist nur eine Strategie, auf der die außerordentliche Widerstandskraft der Moose beruht. Sie sind auch überaus erfolgreich in der Abwehr von Angriffen durch verschiedene Organismen in ihrem Lebensraum.

Moose besitzen so gut wie keine Fraßfeinde (abgesehen von Rentieren und Lemmingen in borealen Wäldern) und sind weitgehend immun gegen Krankheitserreger. Hieraus lässt sich ableiten, dass sie Eigenschaften besitzen, die sie gleichzeitig ungeeignet zum Verzehr und resistent gegenüber Pathogenen machen. Selbst Schnecken, die bekanntlich vor kaum einer Pflanze zurückschrecken, lassen Moospflanzen in der Regel links liegen. Extrakte aus einigen Arten, wie z. B. *Dicranum scoparium*, eignen sich sogar dazu, als Schneckenbekämpfungsmittel eingesetzt zu werden (Frahm 2006). Auch die Menschen haben, abgesehen vielleicht von Notzeiten, zu keiner Zeit Moose in nennenswertem Umfang als Nahrungsmittel genutzt (Dickson et al. 2017). Moose sind zwar nicht giftig, in Nährwert und Geschmack kommt der Genuss von Moosen aber demjenigen von Papier nahe.

Die antibakteriellen Eigenschaften besonders der Torfmoose sind schon lange bekannt. Als Windeleinlage oder Wundauflage wurde ihr großes Aufnahmevermögen für Flüssigkeiten als auch die entzündungshemmende Wirkung geschätzt. Erst in den letzten Jahrzehnten hat man verstärkt untersucht, welche weiteren bioaktiven Inhaltsstoffe von Moosen produziert werden (Asakawa et al. 2013). Zahlreiche Substanzen werden pharmazeutisch im Hinblick auf ihre antibakteriellen, antifungalen, antiviralen und antioxidativen Eigenschaften sowie auf ihre Wirksamkeit im Kampf gegen Krebszellen untersucht (Chandra et al. 2017, Dey und Mukherje 2015).

1 *a) Gipfelmoos unverzweigt und aufrecht, Bsp. Dicranum polysetum b) Astmoos verzweigt und gefiedert, Bsp. Ptilium crista-castrensis*

## Aufbau der Moose

Für die Bestimmung der Arten werden vor allem vegetative Merkmale herangezogen, die im Folgenden näher betrachtet werden. Auf die für die Laubmoose im engeren Sinn zutreffende Darstellung folgen die davon abweichenden Verhältnisse bei den Haarmützenmoosen (Polytrichaceae) und den Torfmoosen (Sphagnaceae). Beide Familien zählen zu den Laubmoosen im weiteren Sinn. Der Aufbau der Lebermoose unterscheidet sich grundsätzlich von demjenigen der Laubmoose. Sie werden daher in einem eigenen Abschnitt vorgestellt. Abschließend werden der Generationswechsel und die Sporen produzierende Generation vorgestellt. Viele Moosarten bilden diese aber nur in unregelmäßigen Abständen, selten oder gar nicht aus, sodass die Merkmale der Sporenkapseln und des Kapselstiels nicht zuverlässig zur Verfügung stehen.

1a

1b

### Aufbau der Laubmoose

Obwohl die Moospflanzen einen beblätterten Trieb und häufig feine, wurzelartige Auswüchse aufweisen, werden zur Abgrenzung zu den Sprosspflanzen (Kormophyten: Farne und Samenpflanzen) die Begriffe Sprossachse, Blatt und Wurzel bei den Moosen nicht verwendet. Diese sind als Grundorgane des Kormus definiert und beinhalten das Vorkommen hoch differenzierter Gewebearten, die in dieser Form bei Moosen nicht entwickelt wurden.

Dem einfacheren Aufbau des Vegetationskörpers der Moose entsprechend werden daher die Bezeichnungen Stämmchen (Cauloid) für die Sprossachse, Blättchen (Phylloide) und Rhizoide für die von der Basis oder über die gesamte Länge der Stämmchen abziehenden Zellfäden verwendet.[1] Auf der grünen Moospflanze werden die Geschlechtsorgane (Gametangien) ausgebildet. Die weiblichen Gametangien (Archegonien) enthalten eine Eizelle und die männlichen Gametangien (Antheridien) produzieren begeißelte Geschlechtszellen (Spermatozoide), die für ihren Weg zur Eizelle auf das Vorhandensein von Wasser angewiesen sind.

[1] Bei zusammengesetzten Wörtern wurde eine konsequente Anwendung in diesem Buch nicht verfolgt, da Wort-Kreationen wie «Blättchenrippe» oder «Stämmchenblättchen» die Lesbarkeit beeinträchtigen.

Wie bereits erwähnt, ist die Größe der Moospflanzen dadurch eingeschränkt, dass sie ohne Lignin nicht in der Lage sind, Stütz- und Leitgewebe auszubilden. Ihre **Stämmchen** werden daher oft nur wenige Zentimeter lang. Zwei wesentliche Wuchsformen werden bei den Laubmoosen unterschieden: Die Gruppe der Moose, die aufrechte und meist unverzweigte oder höchstens gabelig verzweigte Stämmchen ausbildet, und deren Sporogone an der Spitze des Stämmchens gebildet werden, werden als Gipfelmoose (akrokarpe Moose, gipfelfrüchtige Moose) bezeichnet (Abb. 1a). Ihre Lebensform sind oft Rasen oder Polster (s. Hinweise zu den Porträts). Bei der anderen Gruppe wachsen die Stämmchen niederliegend oder aufsteigend und sind oft stark und fiedrig verzweigt. Die Moosarten dieser Gruppe bilden die Sporogone an stark reduzierten Seitenästen aus und werden als Astmoose (pleurokarpe Moose, seitenfrüchtige Moose) bezeichnet (Abb. 1b). Häufig bilden diese Moospflanzen dicht miteinander verwobene Filze oder Decken auf der Unterlage.

Die Stämmchen haben im Querschnitt in den meisten Fällen keine spezialisierten Gewebe für den Wasser- und Nährstofftransport (Ausnahmen bilden die großen Arten aus den Familien der Polytrichaceae und Mniaceae). An den Stämmchen können sich zusätzlich zu den Blättchen noch weitere Elemente befinden, die den externen Wassertransport unterstützen. Viele Moosarten bilden feine, blattartige Anhänge zwischen den eigentlichen Blättchen aus, die Nebenblätter oder Paraphyllien (Abb. 2). Außerdem trägt ein dichter Rhizoidenfilz, der weit bis nach oben am Stämmchen reicht, dazu bei, dass Wasser nach oben geleitet wird und die Pflanzen Feuchtigkeit länger halten können (Abb. 3). Rhizoiden sind oft verzweigte, farblose bis bräunlich rot gefärbte Zellfäden. Bei den Rhizoiden werden zwei Formen unterschieden. Die kräftigeren Makronemata stehen in den Blattachseln der Blättchen (z. B. *Rhizomnium punctatum*), die dünneren Mikronemata sind über die Stämmchen verteilt. Rhizoiden können Nährstoffe aufnehmen und verankern die Moospflanzen im Substrat.

2 *grüner, filziger Überzug aus Nebenblättern (Paraphyllien) bei Thuidium tamariscinum*

3 *dichter hellbrauner Rhizoidenfilz bei Dicranum polysetum*

4 *Glashaare bei*
*a) Campylopus introflexus*
*b) Polytrichum piliferum*



Während die Gefäßpflanzen hauptsächlich mithilfe der Wurzeln Wasser und Nährstoffe aus dem Boden aufnehmen, sind die Rhizoide bei den Moosen in dieser Hinsicht nur von geringer Bedeutung. Nur bei den eng auf dem Substrat aufliegenden Moosarten kann die Zusammensetzung des Bodenwassers der Humusauflage und der obersten Bodenhorizonte eine Rolle spielen. Moose nehmen Wasser und Nährstoffe über die gesamte Oberfläche und vor allem über die Blättchen auf. Sie erhalten daher die benötigten Nährstoffe überwiegend aus den Niederschlägen. Für die waldbewohnenden Arten bedeutet dies auch, dass bei der Passage durch die Kronen der Waldbäume eine Veränderung in der chemischen Zusammensetzung des Niederschlags stattfindet.

Die **Blättchen** sind meist einschichtig. Nur bei wenigen Moosarten schränken Wachsüberzüge die Verdunstung ein. Die Blattformen sind so vielfältig wie die große Anzahl der Moosarten!
Das Moosblättchen setzt sich aus der Blattfläche (Lamina) und der Blattrippe (Costa) zusammen und ist in der Regel mit dem Blattgrund stumpf und ungestielt am Stämmchen angewachsen. Die Lamina ist nicht zu verwechseln mit der Blattspreite der Gefäßpflanzen, die mehrschichtig ist und eine Kutikula besitzt. Die Blattrippe bei den Gefäßpflanzen enthält zudem Leitbündel, die mit dem Gefäßsystem im Spross in Verbindung stehen.
Die Blattrippe bei Moosblättchen kann einfach, aber auch kurz und doppelt oder gar nicht vorhanden sein. Breite und Länge der Rippe sind sehr variabel. Die Rippe kann schmal sein oder auch sehr breit und dann fast die gesamte Blattbreite einnehmen, nur bis zur Hälfte der Blattlänge reichen, kurz vor der Blattspitze enden oder als kleine Stachelspitze aus dieser austreten. Häufig ist die Blattrippe mehrschichtig und in einigen Fällen befinden sich sogenannte Assimilationslamellen auf ihrer Oberseite (s. Haarmützenmoose). Die Lamellen bilden parallel angeordnete, mehrere Zellen hohe Längsreihen.
Die Blattspitze und der Blattgrund können verschieden gestaltet sein ebenso wie der Blattrand. An der Blattspitze können sich beispielsweise sogenannte Glashaare oder Stachelspitzen befinden, oder die Blattspitze ist lang ausgezogen. Glashaare treten häufig bei Moosarten auf, die exponierte, stark besonnte und trockene Stellen besiedeln (Abb. 4a, b). Sie reflektieren einerseits Strahlung und tragen gleichzeitig als Kondensationspunkte zur Wasserversorgung bei. Der Blattgrund kann als Scheide

ausgebildet sein oder das Blatt kann an beiden Seiten schmal oder breit am Stämmchen herablaufen. An den Seiten des Blattgrundes befinden sich oft bestimmte Zellgruppen, die anders gestaltet sind als die übrigen Laminazellen. Diese sogenannten Blattflügelzellen können die Blattposition bei trockenem oder nassem Wetter kontrollieren (Pope 2016). Der Rand der Lamina kann unterschiedlich gestaltet sein. Die Randzellen können wie die Laminazellen gestaltet sein oder sie können einen besonderen Saum aus mehreren Reihen länglicher Zellen bilden. Neben glatten Blatträndern kommen gezähnte Ränder vor, die aus einer oder mehreren Zellen bestehen können. Ein krenulierter Blattrand kommt dadurch zustande, dass die Zellecken einzelner Randzellen regelmäßig wie kleine Zähnchen nach außen abstehen. Blattränder können teilweise oder ganz nach oben oder nach unten umgerollt sein.
Auf Austrocknung reagieren die Moose unterschiedlich. Während die Blattform bei einigen Arten mehr oder weniger unverändert bleibt, reagieren andere mit Anlegen der Blättchen an die Stämmchen oder mit einer charakteristischen Art, die Blättchen zu verbiegen oder zu kräuseln.

Das Erkennen der **Geschlechter** an den Moospflanzen ist nicht immer einfach. Weibliche (Archegonien) und männliche Geschlechtsorgane (Antheridien) können auf ein und derselben Pflanze vorkommen, dann nennt man die Geschlechtsverteilung einhäusig (monözisch). Dabei können sie in einem gemeinsamen Gametangienstand (zwittrig) oder auf verschiedenen Ästen derselben Pflanze (autözisch) angeordnet sein. Wenn die Geschlechter getrennt auf verschiedenen Pflanzen vorkommen, nennt man die Geschlechtsverteilung zweihäusig (diözisch).
Die Geschlechtsorgane stehen häufig in Gruppen zusammen und bilden einen Gametangienstand am Ende der Stämmchen oder an kurzen Seitenästen. Die jüngsten Blättchen umschließen die Gametangien wie eine schützende Hülle. Während bei weiblichen Pflanzen die Hüllblätter meist unauffällig bleiben, können sie bei manchen Arten um die Antheridienstände herum als besondere Hüllblätter (Perichaetialblätter) gestaltet sein. Bei den Sternmoosen (Mniaceae) haben viele Arten große, auffällige Perichaetialblätter, die sternförmig nach allen Seiten abstehen und damit zur Namensbildung beigetragen haben (Abb. 5). Die Ähnlichkeit der auf-

5 *♂ Antheridienstände («Moosblüte») bei a) Mnium hornum b) Plagiomnium undulatum c) Rhizomnium punctatum*

5a

5b

5c

fälligen Hüllblätter und dem zentralen, meist dunkel gefärbten Antheridienstand mit einer Blüte hat wohl dazu geführt, den Ausdruck «Moosblüte» dafür zu verwenden.

**Besonderheiten beim Aufbau der Haarmützenmoose (Polytrichaceae)**
Stammesgeschichtlich gelten die Haarmützenmoose zwar als ursprüngliche Gruppe, sie haben aber im Laufe der Entwicklung die bei Moosen am stärksten differenzierten Vegetationskörper (Gametophyten) hervorgebracht. Dabei werden deutliche Parallelen zur Organisation der Gefäßpflanzen sichtbar. Die Haarmützenmoose könnte man daher auch als die «Möchte-gern-Tracheophyten» unter den Moosen bezeichnen.

Schon allein durch ihre Größe brechen die Haarmützen Rekorde: Das Goldene Frauenhaarmoos *(Polytrichum commune)* ist das größte heimische Laubmoos. Die Länge seiner Stämmchen kann bis zu 40 cm erreichen. Als das weltweit größte Moos gilt *Dawsonia superba* aus Südostasien und Australien. Von der Art aus der Haarmützenverwandtschaft werden Höhen bis zu 70 cm berichtet.
Die auffällige Größe einiger Haarmützenmoose hat auch dazu geführt, dass sie im Gegensatz zu vielen anderen, meist kleineren Moosarten, schon sehr früh von den Menschen zur Kenntnis genommen wurden. Sie zählen zu den wenigen Arten, die schon lange, bevor sie wissenschaftliche Namen erhielten, mit gebräuchlichen Namen versehen worden waren. Fanny Tripp (1874) schreibt: «This family of mosses was the earliest noticed. As ‹plants without flowers› the Polytrichums were noticed by Pliny and by every succeeding botanist or naturalist. The beautiful calyptra procured for them the name of ‹golden maiden hair› in every language, centuries before any other moss received a distinguishing appellation.» Das Goldene Frauenhaarmoos wird unter dem Namen «Goldtfarben Widerthon» mit einer der ältesten Abbildungen von Moosarten bereits in Leonhart Fuchs' New Kreüterbuch von 1543 erwähnt.

Die erforderliche Stabilität für solche Ausmaße erreichen die Haarmützenmoose durch ein inneres Leitungssystem. Gestreckte, tote Zellen (Hydroide) dienen dem Transport von Wasser und Nährelementen. Ebenfalls gestreckte Zellen transportieren die Assimilate (Leptoide) und erinnern in ihrem Bau an die Siebelemente der Gefäßpflanzen.

6 *Blättchen mit Assimilationslamellen auf der Rippe bei Atrichum undulatum*

7 *nach oben umgeschlagener Blattrand bei Arten der Haarmützenmoose*
*a) Polytrichum juniperinum*
*b) Polytrichum piliferum*

Eine weitere Parallele zu den Gefäßpflanzen wird bei der Anatomie der Blättchen deutlich. Auf der Oberseite der Blattrippe befinden sich sogenannte Assimilationslamellen (Abb. 6). In ihrer Anordnung und in ihrer Funktion haben sie große Ähnlichkeit mit dem Palisadenparenchym eines Laubblatts. Bei einigen Arten, die an sonnigen Standorten vorkommen, ist zudem die Lamina nach oben über die Assimilationslamellen umgerollt (Abb. 7). Der Blattgrund bildet eine Blattscheide, die dem Stämmchen eng anliegt und über deren Zustand die Blattposition reguliert werden kann (Abb. 8). In feuchtem Zustand stehen die Blättchen schräg bis waagrecht vom Stämmchen ab, bei Trockenheit liegen sie dem Stämmchen eng an.

8 *lange, hell glänzende Blattscheiden bei Polytrichum commune*

9 *Polster von Polytrichum formosum mit ♀ und ♂ Pflanzen*

10 *schüsselförmige Antheridienstände bei ♂ Pflanzen von Polytrichum formosum*

Wie bei einigen Sternmoosen sind auch bei den männlichen Pflanzen der Haarmützenmoose die Hüllblätter der Antheridienstände (Perichaetialblätter) schüsselförmig am Ende des Stämmchens angeordnet. Im Vergleich zu den normalen Blättchen sind sie oft breiter, dicht rosettenförmig gedrängt und manchmal auch auffällig gefärbt (z. B. rötlich bei *Polytrichum piliferum*). Sie bewirken, dass die männlichen Gameten, begeißelte Spermatozoide, mit auftreffenden Wassertropfen mehrere Zentimeter weit verspritzt und so auf eine benachbarte weibliche Pflanze gelangen können (Abb. 9). Der englische Begriff «splash cup» für solcherart gestaltete Antheridienstände bringt dies gut zum Ausdruck (Abb. 10).

**Besonderheiten beim Aufbau der Torfmoose (Sphagnaceae)**

Torfmoose sind verwandtschaftlich von der Mehrheit der Laubmoose noch weiter entfernt als die Haarmützenmoose und bilden eine relativ isolierte Gruppe. Entsprechend stark sind die Unterschiede im Aufbau der Pflanzen.

11

Die Stämmchen sind aufrecht und verfügen über eine uneingeschränkt und ununterbrochen wachsende Spitze, während das untere Ende des Stämmchens im Laufe der Zeit abstirbt. An der Spitze der Stämmchen stehen gewöhnlich viele kurze und eng zusammengedrängte Seitenäste zusammen und formen ein Köpfchen (Capitulum). Die Köpfchen können flach oder stark gewölbt sein, die Seitenäste kurz und gedrungen oder lang und strahlig angeordnet sein (Abb. 11). Unterhalb des Köpfchens befinden sich in regelmäßigen Abständen quirlständige Büschel von Seitenästen (Faszikel), von denen einige Äste seitlich abstehen und andere locker oder dicht anliegend am Stämmchen herunterhängen. Die Anzahl der Seitenäste variiert und ist oft auch innerhalb einer Art nicht zwingend konstant.

Im Querschnitt der Stämmchen folgt von außen nach innen eine ein- bis mehrschichtige Hyalodermis, deren großlumige Zellen zur äußeren Wasserleitung beitragen. Nach innen folgt zur Festigung eine Sklerodermis aus Zellen mit verdickten Zellwänden.



Die Blättchen zeichnen sich durch einen besonderen Aufbau aus zwei verschiedenen Zelltypen aus und haben keine Blattrippe. Die größeren, farblosen, leeren und toten Wasserzellen (Hyalozyten) dienen der Wasserspeicherung und die schmaleren Grünzellen (Chlorozyten) enthalten Chloroplasten und betreiben Fotosynthese. Dieser Aufbau lässt die Torfmoose extrem viel Wasser speichern. Die Angaben dazu reichen bis zum etwa 20–25fachen ihres Trockengewichts.

Für die Bestimmung wichtig sind die genaue Betrachtung der unterschiedlich gestalteten Stamm- und Astblättchen (Abb. 12). Eine Häufung der Stammblättchen findet sich gewöhnlich direkt unterhalb des Köpfchens, sodass diese im Feld nach Abtrennen des Köpfchens gut betrachtet werden können (Abb. 13). Außerdem sind die Stammblättchen regelmäßig zwischen den Astquirlen zu finden. Sie können leicht abstehen oder dem Stämmchen nach oben oder nach unten anliegen. Die Form der Astblättchen ist maßgeblich für die Unterteilung der Torfmoose in Sektionen (s. Bestimmungsschlüssel).

11 *Sphagnum squarrosum mit Köpfchen (Capitulum) und quirlständigen Büscheln aus Seitenästen (Faszikel)*

12

13

12 *Stamm- (s. roter Pfeil) und Astblättchen (s. weißer Pfeil) sind verschieden gestaltet, Bsp. Sphagnum squarrosum*

13 *Stammblättchen (s. weiße Pfeile) sichtbar als «Halskrause» nach Abtrennen des Köpfchens (s. roter Pfeil), Bsp. Sphagnum fimbriatum*

Die Archegonien werden an einem verkürzten Seitenast gebildet. Die Antheridien stehen in den Blattachseln von Blättchen am Ende von Seitenästen, die auffällig gefärbt sein können.

14 *Thallus mit Felderung und zentraler Atempore bei Conocephalum conicum*

Herausragend ist die ökonomische und ökologische Bedeutung der Torfmoose. Der Abbau von Torf und dessen Nutzung als Brennstoff haben eine lange Tradition. Die torfbildenden Hochmoor-Arten gelten als Ökosystem-Ingenieure (ecosystem engineer). Sie sind in der Lage, ihren eigenen Lebensraum zu gestalten, indem sie durch die Abgabe von Protonen eine Versauerung ihrer Umgebung verursachen. Die ökologische Bedeutung der Torfmoose als Kohlenstoffspeicher ist nicht zu unterschätzen. In den borealen Mooren bilden sie riesige Mengen an pflanzlicher Biomasse, die selbst die des tropischen Regenwaldes übersteigen können. Eine globale Temperaturerhöhung, die eine Zersetzung der Torfe verursachen kann, hat die Freisetzung von Treibhausgasen in erheblichem Umfang zur Folge (Frahm 2018).

**Aufbau der Lebermoose**

Bei den Lebermoosen werden grundsätzlich zwei verschiedene Organisationsformen unterschieden: Lebermoose, deren Vegetationskörper nicht in Stämmchen und Blättchen gegliedert ist, werden zu den Lagerpflanzen (Thallophyten) gezählt. Sind Stämmchen und Blättchen vorhanden, handelt es sich um beblätterte (foliose) Lebermoose.

Die Form des Thallus kann sehr vielgestaltig sein. Leicht erkennbare Merkmale bei der Aufsicht auf die Oberseite sind das Vorhandensein einer Mittelrippe und einer Felderung. Unter Felderung wird die linienhafte Aufteilung des Thallus in begrenzte Bereiche unterschiedlicher Form und Größe bezeichnet. In der Mitte dieser Felder kann eine Atempore sichtbar sein (Abb. 14). Die Geschlechtsorgane werden in der Regel auf der Oberseite des Thallus angelegt.

Die beblätterten Lebermoose haben keine Blattrippe. Die Blättchen sind häufig zweizeilig angeordnet (Flankenblätter) und nicht selten findet sich

15a

15b

auf der Unterseite eine dritte Reihe kleinerer Blättchen (Unterblätter, z. B. bei *Bazzania trilobata*). Die Flankenblätter sind oft schräg am Stämmchen angewachsen, sodass sie sich überlappen. Wenn bei der Aufsicht auf die Oberseite des Stämmchens nur die vorderen Blattränder sichtbar sind und die hinteren Blattränder unter das nächstältere Blatt tauchen, spricht man von oberschlächtiger Stellung (Abb. 15a). Bei unterschlächtiger Stellung sind nur die hinteren Blattränder sichtbar (Abb. 15b). Die Blättchen können rundlich, gelappt oder zerschlitzt sein.

Die männlichen Geschlechtsorgane (Antheridien) entwickeln sich in den Achseln der Blättchen, die weiblichen Geschlechtsorgane (Archegonien) werden an der Spitze der Stämmchen ausgebildet. Häufig sind die Archegonien mit einem auffälligen Hüllkelch (Perianth) umgeben. Dieser Begriff ist nicht zu verwechseln mit dem Perianth aus der Blütenmorphologie der Samenpflanzen!



## Lebenszyklus und Generationswechsel

Ein weiterer wesentlicher Unterschied zwischen Moosen und Gefäßpflanzen wird bei der Betrachtung des Lebenszyklus und der geschlechtlichen Fortpflanzung deutlich (Abb. 16).

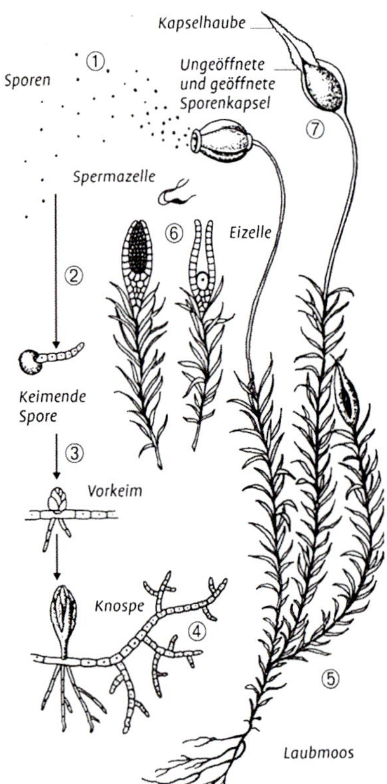


16

**Der Gametophyt (geschlechtliche Generation)**
Die grüne Moospflanze, deren Aufbau im vorigen Abschnitt erklärt wurde, stellt die geschlechtliche Generation (Gametophyt) dar. Der Gametophyt hat sich zu einem stark differenzierten Vegetationskörper entwickelt, dessen Zellen aber nur einen einfachen (haploiden) Chromosomensatz tragen (Abb. 16-5). Auf dem Gametophyten werden die Geschlechtsorgane ausgebildet (Abb. 16-6). Die begeißelten männlichen Gameten sind bei ihrem Transport durch Spritzwasser von den Antheridienständen auf die weiblichen Pflanzen und dort für ihren weiteren Weg bis zu den Archegonien auf die Anwesenheit von Wasser angewiesen. Von den Archegonien zur Reifezeit abgesonderte Stoffe dienen als chemotaktische Wegweiser.

Neuere Untersuchungen zeigen, dass die Befruchtung bei den Moosen nicht nur passiv über das Spritzwasser aus den Perichaetien erfolgt (*splash-cup*-Mechanismus), sondern dass auch kleine Gliederfüßler (Mikroarthropoden) wie Springschwänze (Collembola) und Milben (Acari) aktiv beim Transport der Spermatozoiden beteiligt sein können (Cronberg 2012).

Aus der erfolgreich befruchteten Eizelle (Zygote, diploid) entwickelt sich ein Sporogon, das mit seinem Kapselstiel fest mit der grünen Pflanze verbunden bleibt. Dies ist die Sporen bildende Generation (Sporophyt), ihre Zellen haben einen doppelten (diploiden) Chromosomensatz (Abb. 16-7). In der Sporenkapsel findet die Reduktionsteilung (Meiose) statt, wodurch zahlreiche haploide, männliche und weibliche Sporen entstehen (Abb. 16-1). Diese werden mit dem Wind auch über sehr weite Strecken verbreitet und wachsen an geeigneten Stellen nach einem Vorkeimstadium (Abb. 16-3) zu jungen Moospflanzen heran (Abb. 16-4, 16-5).

Im Gegensatz dazu haben die Gefäßpflanzen die geschlechtliche Generation (Gametophyt) stark reduziert. Vor allem bei den Samenpflanzen ist der Gametophyt extrem und bis auf wenige Zellen reduziert. Der sichtbare Vegetationskörper, z. B. von Bäumen oder krautigen Pflanzen, entspricht der Sporophyten-Generation, und seine Zellen tragen einen doppelten Chromosomensatz.

**Der Sporophyt (Sporengeneration)**

Bis ein Sporophyt nach der Befruchtung vollkommen ausgebildet und ausgereift ist, vergeht häufig mehr als ein Jahr. Die Angaben zu den Reifezeiten, also die Phänologie, ist bei den Moosen nicht gut dokumentiert. Die Einteilung wird sehr grob nach den Jahreszeiten Frühling, Sommer, Herbst und Winter getroffen. Für einige Arten gibt es stark abweichende Angaben.

Der Sporophyt besteht aus dem Kapselstiel (Seta), der Sporenkapsel und der Haube (Kalyptra). Die Haube ist ein Überbleibsel aus der Entstehungszeit: Nachdem die im Archegonium befruchtete Eizelle begonnen hat, sich zu teilen und zu strecken, reißt zu einem bestimmten Zeitpunkt das Archegonium auf. Der oberste Teil des Archegoniums bleibt als Haube auf der jungen Sporenkapsel sitzen und wird mit der Verlängerung des Kapselstiels mit nach oben gehoben. Die Sporenkapsel hat in der Regel einen Deckel und kann sehr unterschiedliche Formen annehmen (Abb. 17). Wenn der Deckel abgefallen ist, wird das Peristom, der von Zähnen gebildete «Mundbesatz» der Kapselöffnung, sichtbar. Das Peristom ist sehr vielgestaltig und die unterschiedliche Ausgestaltung der Zähne hat vor allem Johann Hedwig zu vielen wissenschaftlichen Namen angeregt (z. B. *Fissidens* (Spaltzahn), *Dicranum* (Gabelzahn) etc.).

15 *a) oberschlächtige Blattstellung, Bsp. Bazzania trilobata b) unterschlächtige Blattstellung, Bsp. Plagiochila asplenioides*

16 *Lebenszyklus eines Laubmooses (Quelle: Wirth et al. 2018, S. 185)*

17 *Kapselformen: a) gekrümmte Kapsel mit kegelförmigem Deckel bei Calliergonella cuspidata b) eiförmige Kapsel mit geschnäbeltem Deckel bei Hylocomium splendens c) schwanenhalsartig gebogener Kapselstiel bei Mnium hornum d) eiförmige, nickende Kapsel mit geschnäbeltem Deckel bei Rhizomnium punctatum*

17a

17b

17c

17d

**Besonderheiten bei den Haarmützenmoosen (Polytrichaceae):** Wie der Name Haarmützenmoose bereits vermuten lässt, ist die stark behaarte Haube dieser Familie ein herausragendes Erkennungsmerkmal (Abb. 18). Eine Ausnahme bildet die Gattung *Atrichum*, deren Arten kahle, kappenförmige Hauben besitzen. Nur bei den Haarmützenmoosen befindet sich auf der Kapselöffnung unter dem Kapseldeckel eine bleiche Membran (Epiphragma), die nach dem Abfallen des Deckels sichtbar wird (Abb. 19). Das Peristom besteht aus 32 oder 64 Zähnen.

Die Haarmützenmoose bilden die Sporophyten relativ regelmäßig im Frühjahr aus. Arten aus der Gattung der Filzmützen *(Pogonatum)* auch im Herbst.

**Besonderheiten bei den Torfmoosen (Sphagnaceae):** Der Sporophyt der Torfmoose besteht aus einer kugeligen Kapsel, die kein Peristom aufweist und die mit einem kleinen, runden Deckel verschlossen ist. Der Stiel ist eine Bildung des Gametophyten und wird Pseudopodium genannt (Abb. 20). Die Variation in der Morphologie der Sporenkapseln bei den Torfmoosen ist nicht sehr groß und eignet sich deshalb kaum als Bestimmungsmerkmal. Interessant ist der Öffnungsmechanismus, bei dem der Kapseldeckel bei Überdruck in der Kapsel mit einem hörbaren Geräusch explosionsartig weggeschleudert wird. Die Torfmoose bilden die Sporophyten relativ regelmäßig im Sommer ab Juni aus.

**Lebermoose:** Im Gegensatz zu den Laubmoosen wird die Archegoniumwand durch den jungen Sporophyten durchstoßen, ohne dass Gewebereste des Gametophyten auf der Kapsel verbleiben (keine Haube!). An der Basis des Sporogons bleiben die Reste als Scheide zurück. Häufig ist der Sporophyt ein sehr hinfälliges Gebilde, das nur wenige Tage überdauert. Auf einem hyalinen, glasigen Stiel (Seta) befindet sich eine kugelige Kapsel, die sich zur Reifezeit meist mit vier Klappen öffnet und Sporen und Schleuderfäden (Elateren) freigibt. Letztere können sich nach Öffnung der Kapsel hygroskopisch bewegen und tragen dadurch zur Ausstreuung der Sporen bei (Abb. 21a, b).

18 *Kapseln mit dicht behaarter Haube (Kalyptra) bei Polytrichum formosum*

19

20

21a

21b

## Vegetative Vermehrung

Neben der geschlechtlichen Vermehrung und der Ausbreitung durch Sporen haben die Moose vielfältige Möglichkeiten zur vegetativen Vermehrung entwickelt. Viele Arten verbreiten sich sogar ausschließlich auf diesem Weg.

Grundsätzlich verfügen Moose über ein sehr hohes Regenerationsvermögen. Unter geeigneten Bedingungen können sich aus Pflanzenteilen sowohl des Gametophyten als auch des Sporophyten neue Moospflänzchen entwickeln. In der Praxis können Rasenbesitzer feststellen, dass häufiges Rasenmähen die Ausbreitung von unerwünschten Moosen eher fördert! Auch der Transport durch Tiere, wie beispielsweise in der Wolle von Schafen, im Gefieder von Vögeln oder bei der Verwendung als Nistmaterial, kann zur Verbreitung von Moosen beitragen. Selbst die Verbreitung von Teilen von Moospflanzen über den Verdauungstrakt von Wasservögeln wurde beobachtet (Wilkinson et al. 2017, Lewis et al. 2014).

Bei der Renaturierung von Mooren macht man sich diese Eigenschaft zunutze. Für die großflächige Ausbringung von Torfmoosen kommen landwirtschaftliche Miststreuer zum Einsatz (Kollmann et al. 2019). Für die Ansiedlung von Moosen in Gärten, unter anderem zum Begrünen von Steinen, sind Rezepte für sogenannte «Moos-Smoothies» auf Joghurt- oder Buttermilch-Basis zu finden (Pope 2016). Dabei ist es weitaus schwieriger, Moose in Gärten anzusiedeln als sie loszuwerden (Frahm 2010).

19 *ohne Haube und Kapseldeckel wird bei Polytrichum formosum das Epiphragma sichtbar (s. Pfeil)*

20 *kugelige, dunkelbraune bis schwärzliche Kapseln auf hellem Pseudopodium bei Sphagnum squarrosum*

21 *kugelige, stecknadelkopfgroße Kapseln von Pellia epiphylla a) geschlossen b) geöffnet: Schleuderfäden (Elateren) sichtbar, 4 Klappen liegen dem Kapselstiel an*

Darüber hinaus bilden viele Moosarten spezielle Einrichtungen aus, die eigens dem Zweck der vegetativen Vermehrung dienen. Sie verfügen über vielgestaltige Brutorgane wie Brutsprösschen, Brutästchen oder Brutblättchen. Die Brutorgane sind mit einer Sollbruchstelle versehen und dafür gedacht, sich zu einem bestimmten Zeitpunkt von der Pflanze zu lösen und an anderer Stelle zu einer neuen Moospflanze heranzuwachsen. Beispiele sind *Aulacomnium palustre* mit Brutästen, an deren Ende sich kleine Brutkörper befinden, und *Campylopus flexuosus* mit Brutsprösschen (Abb. 22a, b).

22 *a) Brutsprösschen bei Campylopus flexuosus*
*b) Brutäste von Aulacomnium palustre*

## Lebensraum Wald

Von allen Lebensräumen, in denen Moose vorkommen, sind die Wälder diejenigen mit den meisten Moosarten. An halbschattigen bis schattigen Standorten mit hoher Luftfeuchtigkeit sind die Lebensbedingungen für viele Moosarten günstig. Schmidt et al. (2011) und Bernhardt-Römermann et al. (2018) rechnen 674 bzw. 721 Arten zu den Waldbewohnern. Dies entspricht etwas mehr als der Hälfte der in Deutschland vorkommenden Moosarten, die in der aktuellen Rote Liste und Gesamtartenliste aufgeführt sind (Caspari et al. 2018). Die Bindung an den Wald ist jedoch nicht bei allen Waldbewohnern gleich stark. Viele Arten bevorzugen andere Substrate als den Waldboden, auf dem sich die Konkurrenz durch Gefäßpflanzen ebenso wie der herbstliche Laubfall ungünstig auswirken. Sie besiedeln Borken von Gehölzen, Totholz oder Gesteine. Ebenso wie die Bodenbewohner sind sie dabei häufig nicht auf ein einziges Substrat angewiesen, vielmehr können sie auf verschiedenen Substraten vorkommen.

Die Lebensbedingungen unter dem Kronendach von Waldbäumen unterscheiden sich grundsätzlich von denen im Freiland. Vor allem klimatische Faktoren weisen eine geringere Schwankungsbreite im Waldesinneren auf und befördern so ein ausgeglichenes Waldklima. Die Strahlungsintensität wird durch die Baumkronen reduziert, Temperaturextreme werden abgemildert, die Windgeschwindigkeit wird gebremst und die Luftfeuchtigkeit ist anhaltend hoch. Die Moose selbst tragen wesentlich mit dazu bei, dass die Luftfeuchtigkeit im Wald nur geringen Schwankungen unterliegt. Ihr Vermögen, große Wassermengen festzuhalten und nur langsam wieder abzugeben, trägt wesentlich zur ausgleichenden Wirkung der Wälder auf den Wasserhaushalt bei. Die meisten Waldbodenmoose weisen keine Merkmale einer Anpassung an trockene Standorte auf, wie z. B. Glashaare, und sind nur mäßig austrocknungstolerant. Die Wasser- und Nährstoffaufnahme erfolgt überwiegend über das Niederschlagswasser. Die Aufnahme von Bodenwasser ist nur bei wenigen Arten mit innerem Wasserleitungssystem (z. B. Polytrichaceae) von Bedeutung. Der heute durch Luftverunreinigungen allgemein hohe Gehalt an Nährstoffen im Regenwasser übersteigt häufig den Bedarf der Moose. Das Nährstoffüberangebot (Eutrophierung) hat bei vielen Arten zu einem Verlust an Lebensraum geführt.

Im Vergleich zu vielen Gefäßpflanzen sind Moose gut an das geringere Lichtangebot unter den Kronen der Waldbäume angepasst. Als schattentolerante Arten können sie mit weit geringerer Lichtintensität Fotosynthese betreiben. Außerdem profitieren sie vom höheren Kohlendioxid-Angebot am Waldboden aus der starken Atmungsaktivität der Bodenorganismen.

Wasser- und Nährstoffversorgung sind die wichtigsten Standortfaktoren für Waldbodenpflanzen. Pflanzen, die in ihrem soziologischen und ökologischen Verhalten weitgehend übereinstimmen, werden zu ökologischen Artengruppen zusammengefasst (Hofmeister 1990). In einem Ökogramm können die ökologischen Artengruppen entsprechend ihrer Ansprüche an

# ① Ökogramm

| | 1 Rohhumus | 2 Rohhumus/schlechter Moder | 3 besserer Moder | 4 F-Mull | 5 L-Mull |
|---|---|---|---|---|---|
| I trocken | **I.1** Campylopus flexuosus<br>Dicranum polysetum<br>Hypnum jutlandicum*<br>Polytrichum piliferum*<br>Ptilidium ciliare | **I.1–2** Campylopus introflexus*<br>Leucobryum glaucum<br>Polytrichum juniperinum | | **I.4-5** Abietinella abietina* | |
| II mäßig frisch | **II.1** Dicranella heteromalla<br>Dicranum majus<br>Dicranum scoparium<br>Hypnum cupressiforme<br>Pleurozium schreberi | **II.2a** Plagiothecium curvifolium<br>Polytrichum formosum<br>**II.2b** Hylocomium splendens<br>Mnium hornum | **II.3a** Plagiomnium affine<br>Pseudoscleropodium purum<br>Rhytidiadelphus triquetrus<br>Thuidium tamariscinum<br>**II.3b** Atrichum undulatum<br>Eurhynchium striatum<br>Fissidens taxifolius<br>Rhytidiadelphus squarrosus | | **II.5b** Ctenidium molluscum<br>Isothecium alopecuroides*<br>Tortella tortuosa |
| III frisch | **III.1** Bazzania trilobata<br>Plagiothecium undulatum<br>Ptilium crista-castrensis<br>Sphagnum girgensohnii | **III.2** Rhytidiadelphus loreus | **III.3** Rhizomnium punctatum | **III.4a** dauerfrisch<br>Plagiochila asplenioides<br>**III.4b** frühjahrsfrisch<br>Plagiomnium undulatum | **III.5b** Thamnobryum alopecurum* |
| IV feucht | **IV.1-2** Sphagnum fimbriatum* | **IV.2-3** Pellia epiphylla | **IV.4** Rhodobryum roseum* | **IV.4-5** Pellia endiviifolia | |
| V mäßig feucht | **V.1–2** Polytrichum commune<br>Sphagnum capillifolium<br>Sphagnum palustre | | **V.3–4** Climacium dendroides | **V.4–5** Calliergonella cuspidata<br>Conocephalum conicum | |
| VI nass | **VI.1** Polytrichum strictum<br>Sphagnum cuspidatum<br>Sphagnum magellanicum | **VI.2** Aulacomnium palustre<br>Sphagnum fallax | | **VI.3–5** Sphagnum squarrosum* | |

den Standort angeordnet werden. Die Ordinate repräsentiert dabei die Feuchtigkeitsskala bzw. die Wasserhaushaltsstufen und die Abszisse die Bodenreaktion bzw. die Humusform, die indirekt Auskunft über die Nährstoffversorgung geben. Die Einteilung der Skalen und auch die verwendeten Zeigerpflanzen können sich je nach Region, Höhenstufe oder Autor unterscheiden. Die Pflanzengruppen bestehen aus Gefäßpflanzen und Moosen und je mehr Arten einer Artengruppe an einem Standort vorhanden sind, umso zuverlässiger wird die Einschätzung der Standorteigenschaften. In der Praxis wird das Ökogramm bei der Forstlichen Standortskartierung verwendet. Das abgebildete Ökogramm lehnt sich an die praxisorientierte Version des Arbeitskreises Standortskartierung (2016) an und enthält ausschließlich die in diesem Buch vorgestellten Moosarten (Abb. 1).

1 *Ökogramm mit den vorgestellten Moosarten (verändert nach Arbeitskreis Standortskartierung 2016; * = von der Autorin hinzugefügte Arten)*

Große Teile der Waldfläche in Deutschland werden von **Buchenwäldern** *(Fagus sylvatica)* eingenommen. Die Buche hat, abgesehen von Extremstandorten (z. B. stark vernässte Böden, trockene und nährstoffarme Sande, hohe Gebirgslagen), von den heimischen Baumarten die stärkste Konkurrenzkraft. Sie würde ohne Eingriffe des Menschen das Waldbild weitgehend prägen. Je nach geologischem Ausgangsmaterial und Nutzungsgeschichte finden sich auf nährstoffarmen und versauerten Böden artenarme Reinbestände oder auf nährstoff- und kalkreichen Böden biologisch aktive und artenreiche Mischbestände. Für Moose bedeutet das Leben unter einem geschlossenen Kronendach aus Buchen einerseits eine geringere Konkurrenz durch Gefäßpflanzen, die durch den geringen Lichteinfall ausgedunkelt werden, und andererseits ungünstige Lebensbedingungen durch den jährlichen Laubfall (Abb. 2). Von den bodenbewohnenden Moosarten werden daher offenerdige Plätze bevorzugt, z. B. Wegböschungen, Stammabflussbereiche großer Bäume oder windexponierte Stellen, die von Laubstreu freigehalten werden (Abb. 3).

Die oft ausschließlich von der Buche geprägten **Hainsimsen-Buchenwälder** (Luzulo-Fagetum) auf nährstoffarmen und versauerten Böden zeichnen sich in der Regel durch schlechtere Humusformen (Moder, Rohhumus) aus, bei denen aufgrund gehemmter Streuzersetzung die Nährstoffnachlieferung gering ist. Pflanzen aus den ökologischen Artengruppen II.a (Drahtschmielen-Gruppe) und II.b (Hainsimsen-Gruppe) sind cha-

2 *Waldboden im Laubwald zu Beginn des herbstlichen Laubfalls*

3 *Wegböschungen von Waldwegen bleiben frei von Laubstreu*

rakteristisch für diese Waldgesellschaften. Im Vergleich zu anderen Buchenwaldgesellschaften finden hier viele Moosarten gute Lebensbedingungen. Dazu gehören *Hylocomium splendens, Mnium hornum, Polytrichum formosum* und *Plagiothecium curvifolium*. An noch stärker versauerten Standorten können Buchen-Eichen-Mischwälder vorkommen, auf den ärmsten Böden auch Kiefern und Birken eingemischt sein. Angezeigt werden diese Standorte durch das Vorkommen von Arten der Gruppe II.1 (Heidelbeer-Gruppe). Diese Gruppe zählt zu den moosreichen ökologischen Artengruppen mit *Dicranella heteromalla, Dicranum scoparium, Hypnum cupressiforme* und *Pleurozium schreberi*.

Auf neutralen, basenreichen und kalkhaltigen Böden mit guter Nährstoffversorgung entwickeln sich **Waldmeister-Buchenwälder** (Galio-Fagetum). Die Böden sind häufig tiefgründig und die Humusformen reichen von besseren Moderformen bis zum F-Mull. Der Buche sind meist andere Laubbaumarten wie Bergahorn *(Acer pseudoplatanus)* und Esche *(Fraxinus excelsior)* beigemischt. Die artenreichen ökologischen Artengruppen II.3a (Buschwindröschen-Gruppe) und II.3b (Waldmeister-Gruppe) kennzeichnen den Waldmeister-Buchenwald, der sich gleichzeitig dadurch auszeichnet, dass weder Starksäure-Zeigerpflanzen noch Starkbasen-Zeigerpflanzen vorkommen. Geophyten kennzeichnen diese Wälder im Frühling durch großflächige Blütenteppiche (Abb. 4). Moose stehen hier unter starkem Konkurrenzdruck durch die vielen Gefäßpflanzen. Einigen Moosarten gelingt es jedoch, sich auf diesen Standorten zu behaupten. Dazu zählen *Atrichum undulatum, Eurhynchium striatum, Fissidens taxifolius, Pseudoscleropodium purum, Rhytidiadelphus triquetrus* und *Thuidium tamariscinum*.



Auf basenreichen und oft auch flachgründigen Böden finden sich **Waldgersten-Buchenwälder** (Hordelymo-Fagetum) und überwiegend an Steilkanten Kalk-Buchenwälder. Auf Braunerden und Rendzinen mit humusreichem Mineralboden wird die Streu rasch umgesetzt. Humusformen wie F-Mull und L-Mull kennzeichnen diese Standorte. Je nach Gründigkeit des Bodens kann die Wasserversorgung für die Bäume zeitweise kritisch werden, besonders an südexponierten Stellen und Hanglagen. Zusätzlich zu den ökologischen Artengruppen II.3a und II.3b finden sich Arten der Gruppen II.4 (Goldnessel-Gruppe), II.5a (Bingelkraut-Gruppe) und II.5b (Weißes Waldvögelein-Gruppe) ein. In trockenen Varianten des Waldgersten-Buchenwaldes ist eine charakteristische Moosgesellschaft mit *Ctenidium molluscum, Encalypta streptocarpa* und *Tortella tortuosa* anzutreffen, die zusammen eine räumliche und floristische Einheit bilden. Auch *Isothecium alopecuroides* kommt hier vor. Luftfeuchtere und schattige Nordhänge und Schluchten besiedeln die eher seltenen Ahorn-Eschen-Schluchtwälder, die durch die Gruppe III.5b (Silberblatt-Gruppe) repräsentiert werden.

4 *Waldmeister-Buchenwald mit artenreicher, krautiger Bodenflora*

5 *Kiefernwald auf nährstoffarmem Boden*

Auf Felsen und Gesteinsblöcken, auch Blockschutthalden, bildet sich oft eine dichte Moosschicht. Hier hat auch die Moosart *Thamnobryum alopecurum* ihren Lebensraum (Gläser 1994).

In Nadelwäldern ist das Mikroklima am Waldboden im Jahresverlauf ausgeglichener als in Laubwäldern, da die Extreme zwischen voller Belaubung im Sommer und blattlosem Zustand im Winter nicht auftreten. Allgemein findet in Nadelwäldern eine stärkere Versauerung der Böden statt, wodurch die Bildung von mächtigen Rohhumusdecken gefördert wird. In Nadelwäldern sind die Moose daher oft häufiger vertreten als in Laubwäldern.

Im norddeutschen Tiefland befinden sich auf nacheiszeitlichen, sandigen Böden ausgedehnte **Kiefernwälder** *(Pinus sylvestris)* (Abb. 5). Nicht selten sind hier die Übergänge zu noch trockeneren Heidewäldern fließend. Die zum Teil extreme Nährstoffarmut und Trockenheit verdanken die Standorte nicht allein ihrem Ausgangssubstrat, sondern oft auch einer langen landwirtschaftlichen Nutzung in Form der Heidewirtschaft. Dies ist der Lebensraum der Pflanzen aus den ökologischen Artengruppen I.1 (Heidekraut-Gruppe), I.1–2 (Weißmoos-Gruppe) und II.1 (Heidelbeer-Gruppe).

Die einzige ökologische Artengruppe, die nach einer Moosart benannt wurde, ist die Weißmoos-Gruppe. Die Arten dieser Gruppe besiedeln stark versauerte und sehr trockene Standorte. Das Echte Weißmoos ist durch seinen Aufbau und seine Lebensform sehr gut an diese Bedingungen angepasst (s. Porträt S. 94/95). Als ein typischer Bewohner von Kiefernwäldern kann das Gewelltblättrige Gabelzahnmoos *(Dicranum polysetum)* gelten. Außerdem kommen häufig *Campylopus flexuosus*, *Polytrichum juniperinum*, *Polytrichum piliferum* und *Ptilidium ciliare* vor. In den letzten Jahrzehnten haben diese Moosarten eine starke Konkurrenz durch das Kaktusmoos *(Campylopus introflexus)* erhalten. Es handelt sich dabei um einen ziemlich aggressiven Neophyten, der ursprünglich auf der Südhalbkugel beheimatet war. Diese Art hat in den 1960er-Jahren in Nordwest-Amerika und in den 1940er-Jahren in West-Europa (zuerst in Großbritannien) Fuß gefasst und ist seither in stetiger Ausbreitung nach Süd- und Südosteuropa begriffen (s. Porträt S. 82/83).

Die deutschen Mittelgebirge besiedeln häufig **Fichtenwälder**. Die Fichte *(Picea abies)* kommt in Deutschland natürlicherweise nur in höheren Gebirgslagen vor. Als wichtige Wirtschaftsbaumart ist sie an vielen Standorten, die ohne menschlichen Einfluss von der Buche geprägt wären, angebaut worden. Als Nadelbaumart trägt sie dazu bei, dass natürliche Prozesse der Bodenversauerung beschleunigt werden. Für einige Waldbodenmoose werden dadurch gute Voraussetzungen geschaffen, da sie schlechte Moderformen oder sogar Rohhumus bevorzugen und die Gefäßpflanzen an diesen Standorten bis auf wenige Arten nicht mehr ausreichend konkurrenzfähig sind. Vor allem in dichten jüngeren Fichtenforsten sind die Lichtverhältnisse für Gefäßpflanzen so ungünstig, dass bestimmte Moosarten die Alleinherrschaft übernehmen können (Abb. 6). Hier findet man oft quadratmetergroße Decken von *Hypnum jutlandicum*, aber häufig auch ein Mosaik aus Rasen von *Dicranum scoparium*, *Mnium hornum* und *Polytrichum formosum* (Abb. 7). Die ökologischen Artengruppen II.1 (Heidelbeer-Gruppe), II.2a (Drahtschmielen-Gruppe), II.2b (Hainsimsen-Gruppe) und bei etwas feuchteren Verhältnissen Gruppe III.1 (Rippenfarn-Gruppe) finden hier günstige Bedingungen. Als typisches Fichtenwaldmoos kann das Besen-Gabelzahnmoos *(Dicranum scoparium)* gelten. Neben den oben schon genannten Arten sind zudem das Rotstängelmoos *(Pleurozium schreberi)* zu nennen und aus der Rippenfarn-Gruppe auf frischem Untergrund das Gewellte Plattmoos *(Plagiothecium undulatum)*, das Dreilappige Peitschenmoos *(Bazzania trilobata)* und das Echte Federmoos *(Ptilium crista-castrensis)*.

6 *Fichtenforst mit quadratmetergroßen Moosdecken*

7 *Waldboden im Fichtenwald mit Mosaik aus verschiedenen Moosarten*

8 *Trockenrasen auf flachgründigem, kalkhaltigem Untergrund*

9 Heidelandschaft auf stark sauren, sandigen Böden

## Angrenzende Lebensräume

Häufig gibt es zwischen geschlossenen Wäldern und angrenzenden offeneren Lebensräumen einen fließenden Übergang.

Wenn die Wasserversorgung für Waldbäume nicht mehr ausreicht, können sich beispielsweise **trockene** Kalkbuchenwälder oder Seggen-Buchenwälder mit Halbtrocken- und Trockenrasen verzahnen (Abb. 8). Die ökologischen Artengruppen I.3 (Bergseggen-Gruppe) und I.4–5 (Leimkraut-Gruppe) beinhalten Arten, die an trockenen und wärmebeeinflussten Standorten vorkommen. Das Tännchenmoos *(Abietinella abietina)* aus der Gruppe I.4–5 findet sich sowohl an südexponierten Waldrändern als auch in Trockenrasen. Die Arten *Rhytidium rugosum*, *Entodon concinnus* und *Homalothecium lutescens*, mit denen es häufig vergesellschaftet ist, sind bereits typische Trockenrasenbewohner. An gleichzeitig sehr trockenen und sehr sauren Standorten, wie in lichten Heidewäldern oder direkt in der baumfreien Heide (Abb. 9), kommt häufig das Rotstängelmoos *(Pleurozium schreberi)* vor.

Am anderen Ende der Wasserhaushaltsstufen werden **feuchte bis nasse Standorte** erfasst (Stufen IV bis VI). Dies können Stellen mit hoher Wasserverfügbarkeit, z. B. quellige Stellen im Wald, Bachläufe (Abb. 10) oder feuchte Stellen über Stauhorizonten sein (Abb. 11). Großflächigere, dauer-

10 Bachläufe tragen zu anhaltend hoher Luftfeuchtigkeit bei

11 vernässte Stellen im Wald

haft nasse Standorte, vor allem auf saurem Ausgangsgestein, leiten über zu Moorwäldern (Abb. 12) und schließlich zu überwiegend baumfreien Hochmooren (Abb. 13). Hier dominieren die Torfmoose (Sphagnaceae) die Pflanzendecke (VI.1 Wollgras-Gruppe). Typischerweise gliedert sich ein Hochmoor in höher gelegene Bulten und tiefe Schlenken, die von unterschiedlichen Torfmoosarten gebildet werden. Magellans Torfmoos *(Sphagnum magellanicum)* ist ein Bultenbewohner und Torfbildner. In den Schlenken findet man häufig das Trügerische Torfmoos *(S. fallax)* und in offenen Wasserflächen das Spieß-Torfmoos *(S. cuspidatum)*. Häufig ist das Steifblättrige Frauenhaarmoos *(Polytrichum strictum)* auf den Bulten mit *Sphagnum magellanicum* vergesellschaftet. An den Moor-Randbereichen siedeln das Sumpf-Streifensternmoos *(Aulacomnium palustre)* und das Goldene Frauenhaarmoos *(Polytrichum commune)*.



12 *Moorwald auf saurem, dauerhaft nassem Untergrund*

13 *Hochmoor mit Torfmoosarten*

14 *Blockhaldenwald auf Basalt*

Auf ebenfalls dauerhaft oder periodisch nassen Standorten, die gleichzeitig nährstoffreich sind, wie Auenwälder entlang größerer Bäche und Flüsse oder Erlenbruchwälder, kommen Arten wie das Bäumchenmoos (*Cliamacium dendroides*, V.3–4 Mädesüß-Gruppe) und das Gewelltblättrige Kriechsternmoos (*Plagiomnium undulatum*, III.4b Scharbockskraut-Gruppe) vor, die beide auch auf feuchten Wiesen zu finden sind. Als Nässezeiger auf weniger sauren Böden kann *Sphagnum squarrosum* gelten (VI.3 Sumpffarn-Gruppe, Walentowski et al. 2004).

Einen Sonderstandort stellen **Blockhaldenwälder** dar. Aufgrund sehr vielfältiger kleinklimatischer Bedingungen und der fehlenden Konkurrenz durch Gefäßpflanzen sind sie häufig ein moosreicher Lebensraum. Als Bewohner von Blockschuttwäldern aus Kalkgesteinen wurde bereits *Thamnobryum alopecurum* (s. o.) erwähnt. Das austrocknungsresistente Lebermoos *Ptilidium ciliare*, das häufiger in Kiefernwäldern im norddeutschen Tiefland vorkommt, besiedelt auch Basalt-Blockhalden auf der Rhön und auf dem Hohen Meißner (Abb. 14).

# Bestimmungsschlüssel

# I. Schlüssel für die Hauptgruppen der Moose



**1a** Pflanzen nicht deutlich in Stämmchen und Blättchen gegliedert, thallos **Thallose Lebermoose** (S. 49)

**1b** Pflanzen in Stämmchen und Blättchen gegliedert **→ 2**

**2a** Blättchen in 2–3 Reihen angeordnet: auf 2 Seiten des Stämmchens (Flankenblätter) und, falls vorhanden, eine 3. Reihe auf der Unterseite zwischen den Flankenblättern (Unterblätter), Blättchen rundlich, gelappt oder tief eingeschnitten, Blattrippe fehlend **Beblätterte (foliose) Lebermoose** (S. 50)

**2b** Blättchen in 3 Reihen oder spiralig angeordnet, dabei gelegentlich verflacht beblättert, Blättchen lanzettlich oder rundlich, aber niemals gelappt oder tief eingeschnitten, Blattrippe oft vorhanden **→ 3**

**3a** Stämmchen an der Spitze mit dichtem Köpfchen aus vielen kurzen, zusammengedrängten Seitenästen, darunter in regelmäßigen Abständen 3 bis mehrere Seitenäste in Quirlen (Faszikeln) zusammenstehend, dabei einige Ästchen zur Seite abstehend und andere dem Stämmchen ± eng anliegend herabhängend **Torfmoose (Sphagnaceae)** (S. 47)

**3b** Pflanzen anders aufgebaut **→ 4**

**4a** Pflanzen in Rasen oder Polstern; Stämmchen aufrecht, unverzweigt oder wenig gabelig verzweigt; Blattrippen 1fach; Sporogone meist endständig an der Spitze der Stämmchen **Gipfelmoose** (S. 37)

**4b** Pflanzen in Decken oder Filzen; Stämmchen niederliegend bis aufsteigend, ein- oder mehrfach, locker oder dicht fiedrig verzweigt; Blattrippen vorhanden (1fach oder doppelt) oder fehlend; Sporogone seitenständig **Astmoose** (S. 43)

# II. Schlüssel für die Gipfelmoose (inkl. Haarmützenmoose)

**1a** Stämmchen spiralig beblättert, ohne deutlich abgeflachte Blattreihen → **4**

**1b** Stämmchen 2zeilig oder verflacht beblättert → **2**

**2a** Stämmchen 2zeilig beblättert, Blättchen mit Rückenflügel: untere Blatthälfte von der Blattrippe ausgehend zum vorderen Blattrand hin 2schichtig (Scheidenteil), obere Blatthälfte ohne Flügel 1schichtig (Spreitenteil); aufeinanderfolgende Blättchen «reiten aufeinander», indem der Scheidenteil die 1schichtige, hintere Hälfte des jüngeren Blättchens aufnimmt. An feuchten, offenerdigen, lehmigen oder tonigen, nährstoffreichen Böden in Laubwäldern, auf Waldwegen oder an Wegböschungen
***Fissidens taxifolius*** **Eibenblättriges Spaltzahnmoos** (S. 92)

**2b** Stämmchen verflacht beblättert, Blättchen ohne Rückenflügel; nur die sterilen, niederliegenden oder übergebogenen Stämmchen verflacht beblättert (Blättchengröße nimmt zur Spitze hin ab); fertile Stämmchen spiralig beblättert und aufrecht; männliche Gametangienstände endständig, mit auffälligen, rosettenartig angeordneten Hüllblättern (Perichaetium); Blättchen rundlich, eiförmig-elliptisch oder länglich-lanzettlich bis zungenförmig (**Kriechsternmoose**, Plagiomnium) → **3**

**3a** Stämmchen bis 15 cm hoch, überhängend; Blättchen länglich, zungenförmig, 10–15 mm lang, 1–2 mm breit, feucht abstehend und stark querwellig, trocken gekräuselt. Auf kalk- oder basenreichem, nährstoffreichem Boden in Laubwäldern, Auenwäldern, Bachtälern, Erlenbrüchen, schattig-feuchten Wiesen und Rasen ***Plagiomnium undulatum*** **Gewelltblättriges Kriechsternmoos** (S. 100)

**3b** sterile Stämmchen 5–10 cm lang, bogig niederliegend; Blättchen elliptisch, bis 10 mm lang, Blattrippe bis in die Spitze reichend und kurz als Stachelspitze austretend. Auf kalkarmem, aber nährstoffreicherem, humosem Boden ***Plagiomnium affine*** **Verwandtes Kriechsternmoos** (S. 98)

**4a** Blättchen ohne Glashaare **→ 6**

**4b** Blättchen mit Glashaaren an der Blattspitze **→ 5**

**5a** Glashaare meist ± waagrecht abstehend, gezähnt; Blättchen lanzettlich, 2,5–6,5 mm lang, Blattrippe auffallend breit, ⅓ – ¾ der Blattbreite einnehmend; kräftige, bis 10 cm hohe Rasen. Auf Erde, Gestein und Felsen, Löß, auch an Pionierstandorten, auf Küstendünen, in Silbergrasfluren und anderen, offenen Sandstandorten. Neophyt! ***Campylopus introflexus*** **Kaktusmoos** (S. 82)

**5b** Glashaar lang, silbergrau, gezähnt; Blättchen lanzettlich zugespitzt, 4–6 (–7) mm lang, Blattränder ganzrandig, nach oben umgeschlagen. Rasen bis 3 (5) cm hoch. An lichten, trockenen Stellen auf Sand ***Polytrichum piliferum*** **Haartragendes Frauenhaarmoos** (S. 74)

**6a** Blättchen schmal lanzettlich (sehr viel länger als breit), gerade oder sichelförmig gebogen; Blattrippe 1fach oder sehr breit oder mit Assimilationslamellen **→ 13**

**6b** Blättchen breiter lanzettlich oder länglich-zungenförmig oder rundlich-eiförmig; Blattrippe 1fach und schmal **→ 7**

**7a** Pflanzen bäumchenartig: an der Spitze der Stämmchen große Schopfblätter zu einer deutlichen Rosette angeordnet, Blättchen im vorderen Drittel am breitesten, 4–5 (–10) mm lang, 3–4 mm breit; unterhalb der Rosette kleine, schuppenförmige Blättchen, kriechende Hauptstämmchen. In Erlenwäldern, Auenwäldern, Schluchtwäldern, quelligen Stellen in Wäldern, Gebüschen und Wiesen ***Rhodobryum roseum*** **Echtes Rosenmoos** (S. 104)

**7b** Pflanzen nicht bäumchenartig **→ 8**

**8a** Blättchen lanzettlich oder zungenförmig **→ 10**

**8b** Blättchen rundlich oder eiförmig **→ 9**

**9a** Blättchen rundlich, 6–10 mm lang, bis 6 mm breit, Blattrippe bis in die Spitze oder vorher verlöschend, Blattspitze mit oder ohne kurzem, aufgesetztem Spitzchen, Blattrand durch mehrere Zellreihen gesäumt und ganzrandig; Stämmchen bis weit hinauf mit kräftigen Rhizoiden (Makronemata) an den Blattachseln. Auf schwach kalkhaltigen, mäßig sauren Böden in Laub- und Nadelwäldern, in Auwäldern, an Bachufern und in Quellfluren
***Rhizomnium punctatum*** **Punktiertes Wurzelsternmoos** (S. 102)

**9b** Blättchen eiförmig-elliptisch, bis 10 mm lang, Blattrippe bis in die Spitze reichend und kurz als Stachelspitze austretend, Blattrand mit mehrzelligen Zähnen; sterile Stämmchen verflacht beblättert, 5–10 cm lang, bogig niederliegend. Auf kalkarmem, aber nährstoffreicherem, humosem Boden
***Plagiomnium affine*** **Verwandtes Kriechsternmoos** (S. 98)

**10a** Blättchen deutlich querwellig → **11**

**10b** Blättchen nicht quergewellt → **12**

**11a** Blättchen bis 10 mm lang, Blattrand mit Doppelzähnen fast bis zum Blattgrund, Blattrippe schmal mit 4–6 Assimilationslamellen, Blättchen trocken stark gekräuselt; Haube kappenförmig, kahl. An offenerdigen, feuchten, lehmigen, basenreichen, aber kalkarmen Pionierstandorten in Wäldern, häufig an Böschungen von Waldwegen
***Atrichum undulatum*** **Wellenblättriges Katharinenmoos** (S. 64)

**11b** Blättchen schmal zungenförmig, 10–15 mm lang, 1–2 mm breit, Blattrand mit einfachen Zähnen, feucht abstehend und stark querwellig, trocken gekräuselt, Stämmchen bis 15 cm hoch; sterile Stämmchen verflacht beblättert, überhängend. Auf kalk- oder basenreichen, nährstoffreichen Böden in Laubwäldern, Auenwäldern, Bachtälern, Erlenbrüchen, schattig-feuchten Wiesen und Rasen
***Plagiomnium undulatum*** **Gewelltblättriges Kriechsternmoos** (S. 100)

**12a** Blattrand mit Doppelzähnen (!), Blättchen lanzettlich, scharf zugespitzt, 4–12 mm lang und 1,2–2,5 mm breit, Blattrippe vor der Spitze endend, Blättchen dunkel- bis olivgrün, Frühjahrstriebe hellgrün, Stämmchen bis 7 cm hoch, dichter, rostroter Rhizoidenfilz an der Basis, sterile Stämmchen am Wipfel etwas gebogen. Auf kalkarmen bis kalkfreien Waldböden
***Mnium hornum*** **Gewöhnliches Sternmoos** (S. 96)

**12b** Blättchen nur an der Spitze gezähnt, Blättchen lanzettlich bis schmal zungenförmig, Blattränder bis weit hinauf stark zurückgerollt; Stämmchen bis weit hinauf mit auffälligem, dichtem, braunem Rhizoidenfilz. An feuchten, sauren Standorten
***Aulacomnium palustre*** **Sumpf-Streifensternmoos** (S. 78)

**13a** (6) Blättchen ohne Assimilationslamellen auf der Rippenoberseite oder wenige Lamellen auf der Rippenunterseite oder mit sehr breiter Blattrippe → **20**

**13b** (6) Blättchen mit schmaler oder sehr breiter Blattrippe mit Assimilationslamellen auf der Rippenoberseite (mit der Lupe als feine Längsstreifung sichtbar), Blättchen trocken starr, nadelförmig, Kapsel mit Epiphragma (**Haarmützenmoose**, Polytrichaceae) → **14**

**14a** Blättchen schmal lanzettlich bis zungenförmig, bis 10 mm lang, stark quergewellt, Blattrand mit Doppelzähnen fast bis zum Blattgrund, am Grunde nicht scheidig, Blattrippe schmal mit 4–6 Assimilationslamellen, Blättchen trocken stark gekräuselt; Haube kappenförmig, kahl. An offenerdigen, feuchten, lehmigen, basenreichen, aber kalkarmen Pionierstandorten in Wäldern, häufig an Böschungen von Waldwegen
***Atrichum undulatum*** **Wellenblättriges Katharinenmoos** (S. 64)

**14b** Blättchen nie querwellig, am Grunde scheidig, trocken anliegend → **15**

**15a** Blattrand grob und scharf gezähnt → **18**

**15b** Blattrand ganzrandig, Blattränder nach oben eingeschlagen → **16**

**16a** Blattspitze mit langem, silbergrauem, gezähntem Glashaar; Blättchen lanzettlich zugespitzt, 4–6 (–7) mm lang. Rasen bis 3 (5) cm hoch. An lichten, trockenen Stellen auf Sand
***Polytrichum piliferum*** **Haartragendes Frauenhaarmoos** (S. 74)

**16b** Blattspitze mit Stachelspitze → **17**

**17a** Stachelspitze rostbraun und gezähnt; Stämmchen (bis 10 cm) an der Basis mit rotbraunem Rhizoidenfilz bilden lockere, blaugrüne Rasen. An lichten Stellen auf trockenem Rohhumus, auch auf torfigem Substrat, in Heidewäldern, Rändern von Waldwegen und Waldlichtungen ***Polytrichum juniperinum*** **Heide-Frauenhaarmoos** (S. 72)

**17b** Stachelspitze nicht rötlich; Stämmchen fast auf der ganzen Länge (10–15 cm) mit dichtem, weißem Rhizoidenfilz. Besonders auf *Sphagnum*-Bulten in Hochmooren
***Polytrichum strictum*** **Steifblättriges Frauenhaarmoos** (S. 76)

**18a** Stämmchen oben gabelastig, 3–10 cm hoch, Pflanze auffallend bläulich grün (glauk); Sporenkapsel rund, Haube filzig behaart, reife Sporogone im Herbst und Winter. Auf offenerdigen, lichten, sandigen, kiesigen bis schotterigen, wasserdurchlässigen Stellen nährstoff- und kalkarmer Standorte

*Pogonatum urnigerum* **Große Filzmütze** (S. 66)

**18b** Stämmchen unverzweigt, Sporenkapsel kantig, Haube behaart, reife Sporogone im Frühjahr → **19**

---

**19a** Stämmchen 10–40 cm hoch, ohne Rhizoidenfilz; Blätter länglich-lanzettlich 8–15 mm lang, sternförmig abstehend, Blattscheide weißlich bis strohgelb glänzend; Kapselstiel auf ganzer Länge rötlich, Kapsel würfelförmig und scharfkantig, mit scharf abgesetztem Hals, Haube mit goldockerfarbenen Haaren. Sumpfige Waldböden und Moore, gerne in Gesellschaft mit Torfmoosen

*Polytrichum commune* **Goldenes Frauenhaarmoos** (S. 68)

**19b** Stämmchen bis 15 cm hoch, am Grunde mit Rhizoidenfilz; Blätter 9–12 mm lang, Blattscheide grünlich; Kapselstiel unten rötlich und oben gelblich, Kapsel länglich und stumpfkantig mit undeutlich abgesetztem Hals, Haube gelblich braun. Trockenere und schattigere Standorte als bei voriger Art, Moderbewohner

*Polytrichum formosum* **Schönes Frauenhaarmoos** (S. 70)

---

**20a (13)** große, dichte Polster, grün (feucht) oder weißlich grün (trocken), Stämmchen gabelig bis büschelig verzweigt; Blattrippe dick und mehrschichtig, bis auf einen schmalen Saum die gesamte Blattbreite einnehmend. An mäßig trockenen bis feuchten Stellen, auf kalkfreien, sehr nährstoffarmen, stark sauren Humus- und Rohhumus-Böden *Leucobryum glaucum* **Echtes Weißmoos** (S. 94)

**20b (13)** Pflanzen anders gestaltet → **21**

---

**21a** Blättchen sehr lang (bis 8 mm) und fein zugespitzt, feucht locker gebogen und gewellt, trocken sehr stark gekräuselt. Auf trockenem und kalkhaltigem Untergrund

*Tortella tortuosa* **Gekräuseltes Spiralzahnmoos** (S. 106)

**21b** Blättchen sichelförmig einseitswendig oder mit sehr breiter Blattrippe in der unteren Blatthälfte → **22**

---

**22a** Pflanzen sehr klein, < 2 cm. Blättchen in eine lange, sichelförmig gekrümmte Spitze ausgezogen, 2,5–3,5 mm lang, die oberen einseitswendig. Blattrippe an der Basis etwa ⅓ der Blattbreite einnehmend. An offenerdigen, nährstoffarmen Stellen, Pionierpflanze ***Dicranella heteromalla*** **Kleines Besenmoos** (S. 84)

**22b** Pflanzen größer, > 2 cm **→ 23**

**23a** Blättchen 2–7 mm lang, Blattrippe breit (an der Blattbasis bis zu 60 % der Blattbreite einnehmend, in der Spitze fast die gesamte Breite), Blattspitze röhrenförmig eingerollt; meist mit 0,5 cm langen, hellen Bruchästchen, die sich beim Darüberstreichen ablösen. An kalkfreien, nährstoffarmen, auch stark ausgehagerten Stellen auf Rohhumus und humosem Sand- oder Skelettboden, besonders in Nadelforsten ***Campylopus flexuosus*** **Bogiges Krummstielmoos** (S. 80)

**23b** Blättchen ± sichelförmig einseitswendig, Unterseite der Blattrippe mit oder ohne Lamellen (**Gabelzahnmoose**, Dicranaceae) **→ 24**

**Bestimmungsschlüssel**

**24a** Blättchen deutlich querwellig, bis 10 mm lang, 2 Lamellen auf der Rippenrückseite; dichter, weißlich bis hellbrauner Rhizoidenfilz. Mehrere Sporogone auf einer Pflanze möglich. An oft länger trockenen Stellen auf sandigen, neutralen bis schwach sauren, nährstoffarmen Böden in lichten Laub- und Nadelwäldern, bevorzugt in Kiefernwäldern ***Dicranum polysetum*** **Gewelltblättriges Gabelzahnmoos** (S. 88)

**24b** Blättchen nicht quergewellt **→ 25**

**25a** Blättchen oben einseitswendig, schmal säbelförmig, oft gebogen, selten querwellig, bis 8 mm lang; 4 Lamellen auf der Rippenrückseite; unterer Teil mit spärlichem, bräunlichem Rhizoidenfilz; nur ein Sporogon auf einer Pflanze. Auf kalkarmem, mäßig bis stark saurem Humus und Rohhumus in Laub- und Nadelwäldern und in Heiden ***Dicranum scoparium*** **Besen-Gabelzahnmoos** (S. 90)

**25b** Blättchen halbkreisförmig gebogen, bis 15 mm lang, ohne deutliche Lamellen auf der Blattunterseite; bis zu 5 Sporogone auf einer Pflanze. Auf schwach saurem Humus und auf Rohhumus, in Blockhalden, auf Felsköpfen und in Moorwäldern ***Dicranum majus*** **Großes Gabelzahnmoos** (S. 86)

## III. Schlüssel für die Astmoose

**1a** Pflanzen mehrfach fiedrig verzweigt, 1fach fiedrig verzweigt oder wenig verzweigt; wenn bäumchenförmig, dann ohne deutlich astfreien unteren Teil des Stämmchens **→ 3**

**1b** Pflanzen bäumchenförmig: oberer Teil des Stämmchens mit vielen Seitenästen, unterer Teil des Stämmchens ohne Äste; Pflanzen aufrecht bis waagrecht **→ 2**

---

**2a** Seitenäste am Stammende 2zeilig gestellt, nicht rotrindig; Stämmchenblätter schuppenförmig, abgerundet; Astblättchen dunkel- bis olivgrün, mäßig hohl, nicht faltig, Blattrand im oberen Teil gesägt, unterwärts gezähnt. Auf schattigem, feuchtem, kalkhaltigem Untergrund in Laubwäldern und an Bachufern
***Thamnobryum alopecurum*** **Fuchsschwanz-Bäumchenmoos** (S. 142)

**2b** Seitenäste am Stammende büschelig gestellt, Rinde rotbraun; Stämmchenblätter schuppenförmig, 3eckig; Astblättchen hohl und längsfaltig, Blätter nur an der Spitze grob gesägt, sonst ganzrandig; zwischen den Astblättern dichter, grüner Paraphyllienfilz. In Bruchwäldern, Auen- und Schluchtwäldern, auch nassen Wiesen und Sümpfen ***Climacium dendroides*** **Bäumchenmoos** (S. 112)

---

**3a** Pflanzen mehrfach fiedrig verzweigt, 1fach verzweigt oder wenig verzweigt, nicht bäumchenförmig **→ 5**

**3b** Pflanzen bisweilen bäumchenförmig **→ 4**

---

**4a** Pflanzen büschelig, häufig bäumchenförmig verzweigt; Blättchen trocken, meist sparrig abstehend, aus breit eiförmigem Grund in eine scharfe Spitze verschmälert, bis zum Grund gesägt oder gezähnt, stark längsfaltig, Blattrippe etwa ¾ der Blattlänge erreichend. Kapseldeckel lang geschnäbelt. In nährstoffreichen Laubwäldern
***Eurhynchium striatum*** **Echtes Gestreiftes Schönschnabelmoos** (S. 116)

**4b** Stammblättchen eilänglich, kurz gespitzt, 2–3 mm lang, sehr hohl, feucht aufrecht abstehend, trocken dachziegelig anliegend, Stämmchen und Äste erscheinen daher drehrund. Blattrippe 1fach oder doppelt, bis zur Blattmitte oder etwas darüber, Blattrand nahe der Blattspitze etwas gezähnt, sonst ganzrandig. An schattigen und luftfeuchten, schwach sauren, neutralen und kalkhaltigen Standorten
***Isothecium alopecuroides*** **Großes Mäuseschwanzmoos** (S. 124)

---

**5a** Pflanzen 1fach fiedrig verzweigt oder wenig verzweigt **→ 7**

**5b** Pflanzen 2–3fach gefiedert **→ 6**

---

**6a** Pflanzen 3fach gefiedert, dunkelgrün, Stämmchen bogig auf- und absteigend, nicht deutlich stockwerkartig aufgebaut; Rinde grünlich und filzig durch viele Paraphyllien; Stammblättchen mit kräftiger Mittelrippe und 4 deutlichen Längsfalten. Auf mäßig sauren Waldböden ***Thuidium tamariscinum*** **Tamariskenblättriges Thujamoos** (S. 144)

**6b** Pflanzen 2–3fach gefiedert, gelblich grün, stockwerkartig übereinanderstehend (deutliche Jahrestriebe entspringen aus der Mitte des Rückens des vorjährigen Abschnitts); Rinde rötlich, Stammblättchen glänzend, durchscheinend, mit kurzer Doppelrippe und lang ausgezogener, oft geschlängelter Blattspitze. Feucht-schattige Waldböschungen ***Hylocomium splendens*** **Etagenmoos** (S. 118)

**7a** Pflanzen wenig verzweigt; Stämmchen verflacht beblättert (Blättchen spiralig angeordnet, aber scheinbar 2zeilig gestellt) oder mit einseitswendigen, sichelförmigen Blättchen, die an der Stämmchenoberseite verflacht sind **→ 16**

**7b** Pflanzen dicht oder locker, regelmäßig oder unregelmäßig 1fach gefiedert **→ 8**

**8a** Pflanzen locker regelmäßig oder unregelmäßig gefiedert **→ 10**

**8b** Pflanzen dicht regelmäßig 1fach gefiedert **→ 9**

**9a** Stämmchen 5–10 (–15) cm lang, aufrecht oder aufsteigend, Seitenäste zierliche, breit lanzettliche, farnartige Wedel bildend, unterhalb der Spitze bis zur Basis alle gleich lang (bis zu 2 cm). An mäßig feuchten, schwach sauren bis sauren, kalkfreien, rohhumusreichen Standorten ***Ptilium crista-castrensis*** **Echtes Federmoos** (S. 134)

**9b** Stämmchen 5–10 cm lang, niederliegend, dicht kammartig gefiedert, Seitenäste 2zeilig gestellt in charakteristischer 3ecksform bis 1 cm lang. Auf kalkhaltigem Boden und Kalkgestein ***Ctenidium molluscum*** **Weiches Kamm-Moos** (S. 114)

**10a** Blattrippe kurz und doppelt oder fehlend **→ 13**

**10b** Blattrippe 1fach, mindestens bis zur Blattmitte reichend **→ 11**

**11a** Pflanzen kräftig und bis 20 cm lang, aufsteigend oder aufrecht, Triebende durch schopfig gehäufte Blättchen köpfchenartig vergrößert und einseitswendig übergebogen; Stammblätter 3eckig, 3–5 mm lang, bis 3 mm breit, dünne Doppelrippe etwa ¾ der Blattlänge erreichend. Auf basenreichen, gelegentlich schwach sauren, oft auch kalkarmen bis kalkfreien Standorten in Wäldern, Gebüschen und auf Wiesen ***Rhytidiadelphus triquetrus*** **Großes Kranzmoos** (S. 140)

**11b** Pflanzen kleiner als 20 cm, niederliegend bis aufsteigend **→ 12**

**12a** Stämmchen kräftig, 5–12 cm lang, meist aufsteigend, Stammblätter breit eiförmig mit ausgezogener und oft verbogener Spitze, 1,2–3,7 mm lang, mit 4 Längsfalten, Blattrippe vor der Blattspitze endend. An sonnigen, trockenen Stellen auf kalk- und nährstoffreichen Unterlagen; am Rand trockener Kiefern- und Laubwälder, in Trockenrasen **_Abietinella abietina_ Tännchenmoos** (S. 108)

**12b** Stämmchen 5–15 cm lang, niederliegend bis aufsteigend, Pflanzen ölig glänzend, Stammblättchen breit eilanzettlich mit sehr kurzer, aufgesetzter, zurückgebogener Spitze, 2–3 mm lang, sehr hohl, aufgedunsen wirkend, Blattrippe ungefähr bis zur Blattmitte reichend, doppelt oder gegabelt. Auf stickstoffreichen Waldböden, an Waldrändern, in Gebüschen, Wiesen und Parkanlagen **_Pseudoscleropodium purum_ Gemeines Grünstängelmoos** (S. 132)

**13a** Blättchen allseitig sparrig abstehend oder zurückgebogen **→ 15**

**13b** Blättchen dachziegelig angeordnet **→ 14**

**14a** Stamm- und Astenden durch eng anliegende, zusammengewickelte Blättchen scharf spießförmig zugespitzt; Stämmchen bis 15 cm lang, Rinde rötlich braun; Stammblätter annähernd zungenförmig, stumpf oder mit kurzem aufgesetztem Spitzchen, Blattrippe fehlend oder sehr kurz und doppelt. Feuchtigkeits- und Nährstoffzeiger (auch Eutrophierungszeiger) **_Calliergonella cuspidata_ Echtes Spießmoos** (S. 110)

**14b** Stämmchen 6–10 (–15) cm lang, kräftig, Rinde rötlich durchscheinend; Stammblätter breit eiförmig mit aufgesetztem, stumpfem, hohlem Spitzchen, 2–3 mm lang, blassgrün, fast durchsichtig, sehr hohl, Blattrippe kurz und doppelt oder fehlend. Auf sauren, nährstoffarmen Standorten, Rohhumusbesiedler **_Pleurozium schreberi_ Rotstängelmoos** (S. 130)

**15a** Stämmchen 10–20 (–25) cm lang, kräftig, hakenförmig einseitswendig gebogene Stamm- und Astenden; Stammblätter aus breit eiförmiger Basis allmählich in eine lange, schmale, hohle Spitze verschmälert, 3–5 mm lang, sparrig abstehend bis zurückgekrümmt. Auf grund- und luftfeuchten, kalkfreien, sauren Standorten, vor allem in Nadelwäldern, besonders der höheren Lagen **_Rhytidiadelphus loreus_ Schönes Kranzmoos** (S. 136)

**15b** Stämmchen 5–10 (–15) cm hoch, Blättchen an den Triebenden sternförmig gestellt, Stammblätter 3–3,5 mm lang, in der Mitte deutlich sparrig zurückgebogen. An schattseitigen Waldrändern, in Waldwiesen, in feuchten Wiesen und Grasplätzen **_Rhytidiadelphus squarrosus_ Sparriges Kranzmoos** (S. 138)

**16a** Blättchenspitzen stark zur Unterseite nach unten gebogen, dem
**(7)** Substrat zugewandt, Blättchen auf der Oberseite gescheitelt, zopfartig angeordnet **→ 18**

**16b** Blättchen ± gerade, leicht asymmetrisch, höchstens an der Spitze
**(7)** nach unten gebogen **→ 17**

---

**17a** große, bleichgrüne Pflanzen, Stämmchen 5–15 cm lang, 5–6 mm breit (sichtbare, grünliche und ölig glänzende Abschnitte oft nur 3–4 cm lang); Blättchen 3–5 mm lang, im vorderen Teil stark querwellig, kurze Doppelrippe. Waldbodenmoos über saurem Humus und Rohhumus ***Plagiothecium undulatum*** **Gewelltes Plattmoos** (S. 128)

**17b** Stämmchen 2–4 cm lang, 2 mm breit, kriechend bis aufsteigend; Blättchen eilänglich, 1–2,6 mm lang, leicht asymmetrisch (eine gerundete und eine ± gerade Seite), kurz gespitzt, gekrümmte, zum Boden weisende Blattspitzen, glänzend, Blattrippe kurz und doppelt, maximal bis zur Blatthälfte reichend oder fehlend. Auf nährstoffarmen, kalkfreien, stark sauren Unterlagen, bevorzugt in Nadelholzforsten, vor allem in jungen, dunklen Fichtenforsten ***Plagiothecium curvifolium*** **Krummblättriges Plattmoos** (S. 126)

---

**18a** Stämmchen 3–10 cm lang, bis 3 mm breit; Stamm- und Astenden leicht hakig herabgebogen, Blättchen etwas 2zeilig gescheitelt, Blattrand nur an der Spitze ± gezähnt. Ökologisch anspruchsloses Waldmoos ***Hypnum cupressiforme*** **Zypressen-Schlafmoos** (S. 120)

**18b** oft quadratmetergroße, flache, dichte, blass- bis weißlich grüne Rasen, die glänzenden, nach unten gekrümmten Stamm- und Astenden wirken wie silbrig weiße Punkte; Stämmchen bis 15 cm lang, Blättchen 2zeilig gescheitelt, Blattrand bis zur Hälfte gesägt. In lichten, trockenen Kiefern- und Eichenwäldern, in Heiden und verheideten Hochmooren ***Hypnum jutlandicum*** **Heide-Schlafmoos** (S. 122)

# IV. Schlüssel für die Torfmoose

**1a** Astblätter anliegend, wenig nach außen zeigend → 3

**1b** Astblätter sparrig abstehend, aus eiförmigem Grund plötzlich in eine abstehende und abgestutzte Spitze ausgezogen **(Sektion Squarrosa)** → 2

**2a** Pflanzen bis 25 cm hoch, sehr kräftig, saftig grün bis gelblich grün; Astblätter 2–3 mm lang, aus kreisförmigem Grund plötzlich in eine rechtwinkelig abgebogene Spitze verjüngt. An quelligen, basenreichen, meist schattigen Stellen, in Erlen- und Birkenbruchwäldern, an Waldbächen und in Hangquellmooren
***Sphagnum squarrosum* Sparriges Torfmoos** (S. 160)

**2b** Pflanzen kleiner, zierlicher, gelblich braun; Blattspitzen allmählich zusammengezogen. In Zwischenmooren
***Sphagnum teres* Rundes Torfmoos**

**3a** Äste schlank, nicht gedrungen, Astblätter lanzettlich, nicht kapuzenförmig → 5

**3b** Äste gedrungen, wurmförmig geschwollen; Stängelrinde grauschilfrig abblätternd; Astblätter kapuzenförmig, löffelförmig hohl, abgerundet, nie in eine Spitze ausgezogen; Stammblätter flach zungenförmig **(Sektion Sphagnum)** → 4

**4a** Pflanzen grün bis bräunlich, nie rot. Gelegentlich Zentrum des Köpfchens stärker pigmentiert als die randlichen Äste. In vernässten Wäldern und Forsten, an Moor- und Grabenrändern. Verbreitet und häufig ***Sphagnum palustre* Sumpf-Torfmoos** (S. 158)

**4b** Rasen weinrot (im Frühjahr und im Schatten auch grünlich! Unterscheidung dann makroskopisch nicht möglich). Bultmoos, ausschließlich in Hochmooren
***Sphagnum magellanicum* Magellans Torfmoos** (S. 156)

**5a** Astblätter lanzettlich, etwa 3mal so lang wie breit und höchstens 2 mm lang, Pflanzen höchstens im Schatten grün, sonst rötlich überlaufen, oft mit rotem Anthocyan **(Sektion Acutifolia)** **→ 7**

**5b** Astblätter sehr schmal, lanzettlich und bis zu 10mal so lang wie breit, Pflanzen nie rötlich **(Sektion Cuspidata)** **→ 6**

**6a** Pflanzen grün bis gelblich, oft untergetaucht, dann federartig, Astblätter 2–5 mm lang, Stammblätter 3eckig. In Hochmoorschlenken ***Sphagnum cuspidatum*** **Spieß-Torfmoos** (S. 148)

**6b** Astblätter 5reihig, lang, spitz. Astblätter kräuseln sich beim Trocknen (Pflanze für kurze Zeit in der warmen Hand halten!). Hochmoorschlenken, Ufermoos
***Sphagnum fallax*** **Trügerisches Torfmoos** (S. 150)

**7a** bleichgrüne bis violettrote Pflanzen, 3 abstehende Äste, Astblätter deutlich 5reihig, Äste wirken dadurch 5kantig, oft ziemlich kurz, dick und steif. Montane, feuchte Nadelwälder, aber für die Gattung oft an relativ trockenen Stellen
***Sphagnum quinquefarium*** **Fünfzeiliges Torfmoos**

**7b** Astblätter nicht 5reihig **→ 8**

**8a** Köpfchen pomponartig, oft rot-grün gescheckt, Stammblätter spitz, 3eckig. In Wäldern und in Heidemooren
***Sphagnum capillifolium*** **Hain-Torfmoos** (S. 146)

**8b** Pflanzen trüb bläulich grün mit zungenförmigen, breit gerundeten, gefransten Stammblättern **→ 9**

**9a** Köpfchen ± deutlich 5strahlig, Stammblätter zungenförmig, nur an der breiten Spitze gefranst. In Heiden und Wäldern höherer Lagen
***Sphagnum girgensohnii*** **Girgensohns Torfmoos** (S. 154)

**9b** Pflanzen einem schmächtigen S. girgensohnii ähnlich, Stammblätter spatelförmig, oft breiter als lang, auch an den Blattseiten deutlich gefranst, nach Abtrennen des Köpfchens deutlich sichtbar als «Krönchen» oder «Halskrause». Nährstoffarme Erlenbrüche, vernässte Wälder, Heidewälder im Hügelland und in den Tieflagen
***Sphagnum fimbriatum*** **Gefranstes Torfmoos** (S. 152)

# V. Schlüssel für die Lebermoose

**1a** Pflanzen in Stämmchen und Blättchen gegliedert (folios), Blättchen rippenlos **→ 4**

**1b** Pflanzen nicht deutlich in Stämmchen und Blättchen gegliedert (thallos) **→ 2**

**2a** Thallus 6eckig gefeldert, bandförmig, 5–15 (–24) cm lang, 1–2 cm breit, Thallusoberseite saftig grün, glänzend ohne Mittelstreifen, Poren der Atemöffnungen werden als helle Punkte im Zentrum der Felder wahrgenommen, Thallusunterseite mit Rhizoidenfilz entlang der Mittelrippe. Auf dauerfeuchtem, kalk- oder basenreichem Untergrund, auf lehmigem Boden, besonders in Ufernähe von Waldbächen
***Conocephalum conicum*** **Echtes Kegelkopf-Lebermoos** (S. 162)

**2b** Thallus nicht gefeldert **→ 3**

**3a** Thallus bandförmig, bis etwa 5 cm lang und bis 10 (–15) mm breit, mit ± deutlicher Mittelrippe, Thallusrandzellen gestreckt rechteckig bis über 0,1 mm groß (Lupe 20fach!). Auf dauerfeuchten, lehmigen, sandig-lehmigen bis tonigen, humusarmen Unterlagen an Böschungen von Waldwegen und Waldbächen
***Pellia epiphylla*** **Gemeines Beckenmoos** (S. 166)

**3b** Thallus etwa 4–5 cm lang, bis 10 mm breit, mit oft dunkler gefärbter Mittelrippe, gabelig geteilt, Ränder wellig-kraus, Thallusrand dünn und durchsichtig; Thallusrandzellen quadratisch bis kurz rechteckig, bis 0,8 mm lang (Lupe 20fach!); im Herbst werden oft aus dem Rand normaler Thalli zahlreiche, gabelige, schmale, 1–6 mm breite, geweihartige Brutäste an den Enden der Thalli gebildet. Auf schattigen, meist nassen, auch überspülten, kalkhaltigen Mineralböden ***Pellia endiviifolia*** **Salatmoos** (S. 164)

**4a** Flankenblätter fein geschlitzt, die Ränder dicht mit bis zu 0,3 mm langen Wimpern besetzt, bis zu 2,4 mm lang, schräg angewachsen, undeutlich oberschlächtig, Unterblätter sehr klein oder fehlend; Stämmchen 2–8 cm lang, bis 3 mm breit, niederliegend bis aufsteigend, in einer Ebene regelmäßig locker 1–3fach fiedrig verzweigt. An mäßig beschatteten, bis lichtreichen, trockenen, aber häufig luftfeuchten Standorten, auf saurem Humus, streng kalkmeidend. In Kiefernwäldern, Heidewäldern, Sanddünen
***Ptilidium ciliare*** **Großes Federchenmoos** (S. 176)

**4b** Flankenblätter ungelappt oder gelappt, Ränder ohne Wimpern **→ 5**

**5a** Flankenblätter ungelappt, abgerundet, unterschlächtig, 3–5 mm lang, 3–4 mm breit, oval bis verkehrt eiförmig, muschelförmig hohl, Blattrand fein gezähnt. Pflanzen bis 12 cm lang und 5–9 mm breit, aufsteigend oder aufrecht, nicht oder wenig gabelig verzweigt. An schattigen, boden- und luftfeuchten, nährstoffreichen Standorten ***Plagiochila asplenioides*** **Großes Muschelmoos** (S. 174)



**5b** Flankenblätter mit 2, 3 oder mehr Lappen bzw. Zipfeln **→ 6**

**6a** Flankenblätter 2zipflig, bis 2 mm lang, nahezu längs gestellt, halbmondförmig ausgerandet, auf etwa ¼ der Blattlänge in lang zugespitzte, 3eckige Lappen geteilt, meist undeutlich unterschlächtig, Unterblätter klein, tief 2spaltig; Stämmchen 3–8 cm lang, 3–4 mm breit, kriechend, nicht oder locker gabelig bzw. fiedrig verzweigt. An offenen und schattigen, feuchten Stellen, auf nährstoffreicheren wie auch mäßig sauren Böden, häufig zwischen anderen Laubmoosen und Gräsern kriechend
***Lophocolea bidentata*** **Zweizähniges Kammkelch-Lebermoos** (S. 172)

**6b** Flankenblätter mit mehr als 2 Lappen **→ 7**

**7a** Flankenblätter 3lappig, 2–3 mm lang, im Umriss rechteckig, oberschlächtig, Unterblätter relativ groß und 4zähnig; Stämmchen 3–5 (–20) cm lang und bis 0,5 cm breit, dem Substrat anliegend oder aufsteigend, unverzweigt oder gabelig verzweigt. An schattigfeuchten Stellen auf kalkfreiem, nährstoffarmem Humus und Rohhumus ***Bazzania trilobata*** **Dreilappiges Peitschenmoos** (S. 168)

**7b** Flankenblätter handförmig 3–4lappig (bis zur Hälfte oder zu ⅓ geteilt), kaum 0,5 mm lang, locker bis dicht und fast längs gestellt, Umriss ± quadratisch bis rechteckig, oberschlächtig, Unterblätter handförmig 4lappig; Stämmchen 1–2 (–3) cm lang, 1–2 (–3) mm breit, fast fadenförmig, niederliegend bis aufsteigend, regelmäßig 1fach bis doppelt gefiedert, Ästchen 2zeilig gestellt. An schattigen Stellen auf feuchtem, kalkfreiem Waldboden, Humusbewohner
***Lepidozia reptans*** **Kriechendes Schuppenzweig-Lebermoos** (S. 170)

Haupt
Hauptsache
Pflanzen
& Pilze

# Porträts

## Hinweise und Erläuterungen zu den Porträts

Die vorgestellten Arten sind fünf Hauptgruppen zugeordnet und innerhalb der Gruppen alphabetisch gereiht. Jede Art wird auf einer Doppelseite nach einheitlichem Schema mit Erklärungen und Farbfotos präsentiert. In den folgenden Hinweisen werden die in den Porträts verwendeten Stichwörter erläutert und Quellen angegeben.

### *Namen*

Jedes Porträt ist mit dem wissenschaftlichen Namen der Art überschrieben. Diese ist wie üblich kursiv gedruckt und trägt am Ende den Autorennamen. Die Nomenklatur richtet sich nach der aktuellen Roten Liste und Gesamtartenliste der Moose Deutschlands (Caspari et al. 2018). In der darauffolgenden Zeile werden ältere wissenschaftliche Namen genannt, die eventuell noch in Gebrauch sind (Synonyme).

Die deutschen Namen entstammen verschiedenen Quellen. Anders als bei den Gefäßpflanzen gibt es bis auf wenige Ausnahmen für die meisten Moosarten keinen allgemein bekannten und im ganzen deutschsprachigen Raum gebräuchlichen Namen. Die wissenschaftlichen Namen wurden mehr oder weniger wortgetreu ins Deutsche übersetzt. Zu dieser Problematik schreibt Bertsch im Vorwort zur 2. Auflage der «Moosflora von Südwestdeutschland» (1959): «Da nur ganz wenige Benützer dieser Flora Lateinisch können, hatte ich in der 1. Auflage die lateinischen Artnamen durch eine möglichst wörtliche Übersetzung zu erklären versucht, da ich aus Erfahrung wusste, dass solche Benützer auch wissen möchten, was diese Namen besagen. Dabei war ich mir bewusst, dass ‹bleichschnäbeliges Kleinschnabeldeckelmoos› kein schöner Name ist, aber ‹*Rhynchostegiella pallidirostris*› sagt Silbe für Silbe dasselbe. Die Kritiker, die an den deutschen Namen Anstoß genommen haben, schlucken merkwürdigerweise ohne Zucken alle solche lateinischen Brocken, anscheinend weil im fremden Lautschwall das Ulkige des Namens völlig verloren geht, während es in der deutschen Übersetzung allzu grell in Erscheinung tritt. Um diesen Stein des Anstoßes wegzuräumen, habe ich alle deutschen Artnamen gestrichen.» Zu einer solch drastischen Maßnahme sollte trotz einiger holprig klingenden Namen in diesem Buch nicht gegriffen werden.

Die englischen Namen sind Smith (2004) und Atherton et al. (2010) entnommen. Den Erklärungen der wissenschaftlichen Gattungs- und Artnamen liegen überwiegend die Arbeiten von Bertram (2005) und Urmi (2014) zugrunde. Die Angaben, ob sich die Namen von lateinischen oder griechischen Wörtern ableiten, wurden nicht übernommen.

### *Lebensform bzw. Wuchsform*

Nur in seltenen Fällen werden Moose als Einzelpflanzen wahrgenommen, da sie überwiegend in Gruppen auftreten. Die Gestalt dieser Individuengruppen, die sich durch die Art der Organisation der Individuen in der Gruppe ergibt (beispielsweise in Form eines Kissens oder eines Rasens), ist ein charakteristisches Merkmal. Unter dem Stichwort Lebensform werden den vorgestellten Moosarten folgende Ausprägungen zugeordnet (Angaben entstammen Bernhardt-Römermann et al. 2018):

***Rasen:*** Die aufrechten, nur wenig oder unverzweigten Stämmchen stehen dicht zusammen. Nach der Reife der endständigen Sporenkapseln setzen sie ihr Wachstum an der Spitze fort.

***Polster:*** An der Basis der aufrechten Stämmchen bilden sich zahlreiche neue Stämmchen. Die Polster wachsen nicht nur in die Höhe, sondern dehnen sich auch an den Rändern aus.

***Decken:*** Die niederliegenden, verzweigten Stämmchen stehen in engem Kontakt zum Substrat, an dem sie durch Rhizoiden angeheftet sind.

***Filze:*** Die Haupt- und Seitenäste der verzweigten Stämmchen wachsen locker durcheinander und bilden ein Geflecht, das leicht vom Substrat abgehoben werden kann.

***Bäumchenrasen:*** Die aufrechten Stämmchen entstammen einem kriechenden Primärspross und tragen an der Spitze ein Büschel aus großen Blättchen oder aus mehreren Seitenästen.

Diese Terminologie geht auf Mägdefrau (1969, 1982) zurück und wurde von verschiedenen Autoren übernommen oder in veränderter, oft mit stärkerer Differenzierung mit bis zu 10 (Frahm 2009) oder mehr Unterscheidungen, verwendet. Frahm (2009) unterscheidet zusätzlich zu den hier genannten Lebensformen Einjährige, Schweife und Wedel und unterteilt die Rasen in Kurz- und Hochrasen. Manche Moosarten können tatsächlich schon aus einiger Entfernung daran erkannt werden. Das von Raunkiær (1934) begründete System der Lebensformen ist für Moose nicht relevant, da es sich auf Gefäßpflanzen bezieht und diese nach der Position ihrer Erneuerungsknospen gruppiert. Damit werden unterschiedliche Strategien beschrieben, um Kälte und Trockenheit in den Wintermonaten zu überstehen. Bei Moosen werden die Lebensformen als Anpassungsstrategien an die Wasserversorgung gesehen. Folgender Zusammenhang zwischen Lebensform und Wasserverfügbarkeit wird vermutet (verändert nach Glime 2017):

**Wasserversorgung hoch**
Bäumchenrasen
Lockere Filze
Glatte Decken
Rasen und Polster
**Wasserversorgung gering**

Der Begriff *Wuchsform* bezieht sich auf Einzelpflanzen und beschreibt die Art des Wachstums und der Verzweigung. Grundsätzlich werden zwei Wuchsformen unterschieden: Orthotropes Wachstum führt zu aufrechten Stämmchen, plagiotropes Wachstum zu substratnahen Stämmchen, die außerdem Seitenäste bilden und daher verzweigt sein können. Traditionell damit verbunden ist auch die Einteilung in Gipfel- und Astmoose, wobei zusätzlich die Ausbildung der Sporogone am Sprossende bzw. an den Seitenästen berücksichtigt wird. Zur Definition und Verwendung der Begriffe siehe auch Glime (2017).



### *Erkennungsmerkmale*

Der Schwerpunkt bei den Erkennungsmerkmalen liegt auf der grünen Moospflanze, dem Gametophyten. Die Beschreibungen beginnen mit Merkmalen des Stämmchens in der Reihenfolge Länge (cm), Verzweigung, Farbe der Rinde, Anordnung der Blättchen, Vorhandensein von Rhizoiden und Paraphyllien. Daran schließen sich die Merkmale der Blättchen an: Länge und Breite (mm), Blattform (bei deutlichen und charakteristischen Unterschieden in trockenem Zustand werden diese zusätzlich aufgeführt), Blattrippe und Blattrand. Wenn es relevant für die Unterscheidung von ähnlichen Arten ist, werden bei einigen Arten Merkmale der Blattflügelzellen angeben. Um diese richtig zu erkennen, genügt die Lupenvergrößerung nicht mehr. Es ist dafür ein Stereomikroskop mit bis zu 60facher Vergrößerung oder ein Lichtmikroskop erforderlich.

***Geschlechtsverteilung:*** Auf der grünen Moospflanze entwickeln sich die männlichen und weiblichen Geschlechtsorgane. Es folgt die Angabe, ob sich beide Geschlechter auf derselben Pflanze befinden (einhäusig; monözisch) oder ob sich die Geschlechtsorgane auf verschiedenen Pflanzen entwickeln (zweihäusig; diözisch). Bei zweihäusigen Pflanzen werden an dieser Stelle die männlichen Pflanzen beschrieben, wenn die Geschlechtsorgane bzw. der Antheridienstand und auffällige Hüllblätter gut sichtbar sind. Die Merkmale der weiblichen Pflanzen werden unter dem folgenden Stichwort aufgeführt.

***Sporenkapseln und Sporenreife:*** Nicht alle Moosarten bilden regelmäßig Sporenkapseln aus. Die Bedeutung der geschlechtlichen Vermehrung ist häufig nachrangig im Vergleich zu vegetativen Ausbreitungsmöglichkeiten. Sie findet bei vielen Arten selten statt und bei manchen Arten wird sie nicht oder seit Jahren nicht mehr beobachtet. Die Merkmale der Kapselstiele und Kapseln stehen daher bei vielen Arten für die Bestimmung nur eingeschränkt zur Verfügung. Die Angaben zur Häufigkeit und zum

Zeitpunkt der Sporenreife sind Bernhardt-Römermann et al. (2018, nach Hill et al. 2007) entnommen. Für die Häufigkeit der Ausbildung von Sporenkapseln werden folgende Kategorien verwendet: sehr selten, selten, gelegentlich, häufig, gewöhnlich, sehr gewöhnlich. Für den Zeitpunkt der Sporenreife erfolgt die Einteilung nach den vier Jahreszeiten: Frühling, Sommer, Herbst und Winter. Die Porträts enthalten außerdem Angaben zu Länge und Farbe des Kapselstiels (Seta), Form und Länge der Kapsel sowie des Kapseldeckels.

### *Ähnliche Arten*

Unter diesem Stichwort werden Arten aufgeführt, bei denen eine gewisse Verwechselungsgefahr zur beschriebenen Art besteht. Die Unterscheidungsmerkmale werden genannt.

In vielen Fällen ist es notwendig, die Pflanzen genauer zu betrachten. Zweckmäßiges Hilfsmittel dafür ist eine Botaniker-Lupe mit 10–20facher Vergrößerung. Viele Fotos, die in den Porträts wichtige Details illustrieren, wurden mit dieser Vergrößerung aufgenommen. Zur Beschreibung der Erkennungsmerkmale wurden zahlreiche Quellen herangezogen (u. a. Landwehr 1984, Aichele und Schwegler 1993, Riček 1994, Frahm 2004, Nebel und Philippi 2000–2005, Smith 2004, Atherton et al. 2010, Düll und Düll-Wunder 2012, Pope 2016, Wirth et al. 2018).

### *Ökologisches Verhalten und Lebensraum*

Die Ansprüche der Arten an Licht, Feuchtigkeit, Bodenreaktion und Nährstoffangebot werden genannt und Lebensräume aufgezählt. Viele Arten wachsen nicht ausschließlich auf dem Erdboden, sondern besiedeln auch Gestein, Totholz und die Rinde lebender Bäume. Die Angaben zu den Substraten, die von der jeweilige Art besiedelt werden können, sind Schmidt et al. (2011) entnommen und beginnen mit dem Satz «Wächst auch auf…».

### *Begleitarten*

Die Angaben zu den häufigsten Begleitarten wurden Nebel und Philippi (2000 bis 2005) entnommen.

### *Zeigerwerte, Waldbindung, Ökologische Artengruppe*

Mit diesen Angaben wird das ökologische Verhalten der Arten näher beschrieben und im Umkehrschluss mithilfe der Pflanze der Standort charakterisiert.

***Erklärungen zu den Zeigerwerten nach Ellenberg:*** Die «Zeigerwerte nach Ellenberg» kennzeichnen das ökologische Verhalten der Pflanzenarten (Ellenberg et al. 1991). Die Abkürzungen L T K F R stehen in dieser Reihenfolge für Lichtzahl L, Temperaturzahl T, Kontinentalitätszahl K, Feuchtezahl F und Reaktionszahl R. Die Ziffern geben aufsteigend die Abstufungen auf einer Werteskala von 1–9 an (s. u.). Sämtliche Angaben beziehen sich auf das westliche Mitteleuropa, insbesondere Westdeutschland, einschließlich der angrenzenden Alpen. Die Zeigerwerte für die Moose wurden von Düll (1991) erarbeitet. Die Nährstoffzahl N beschreibt das Vorkommen nach Nährstoffverfügbarkeit ebenfalls auf einer Werteskala von 1–9. Die Angaben dazu sind Bernhardt-Römermann et al. (2018) entnommen.

***Lichtzahl L:*** Vorkommen in Beziehung zur relativen Beleuchtungsstärke (= r. B.). Maßgebend ist für alle Arten die r. B., die an ihrem Wuchsort zur Zeit der vollen Belaubung der sommergrünen Pflanzen (also etwa von Juli bis September) bei diffuser Beleuchtung (d. h. bei Nebel oder gleichmäßig bedecktem Himmel) herrscht.

**1** Tiefschattenpflanze: noch bei weniger als 1 %, selten bei mehr als 30 % r. B. vorkommend
**2** zwischen 1 und 3 stehend
**3** Schattenpflanze: meist bei weniger als 5 % r.B., doch auch an helleren Stellen
**4** zwischen 3 und 5 stehend
**5** Halbschattenpflanze: nur ausnahmsweise im vollen Licht, meist aber bei mehr als 10 % r. B.
**6** zwischen 5 und 7 stehend
**7** Halblichtpflanze: meist bei vollem Licht, aber auch im Schatten bis etwa 30 % r. B.
**8** Lichtpflanze: nur ausnahmsweise bei weniger als 40 % r. B.
**9** Volllichtpflanze: nur an voll bestrahlten Plätzen, nicht bei weniger als 50 % r. B.



***Temperaturzahl T:*** Vorkommen im Wärmegefälle von der nivalen Stufe bis in die wärmsten Tieflagen

**1** Kältezeiger: nur in hohen Gebirgslagen, d. h. der alpinen und nivalen Stufe
**2** zwischen 1 und 2 stehend (viele alpine Arten)
**3** Kühlezeiger: vorwiegend in subalpinen Lagen
**4** zwischen 3 und 5 stehend (insbesondere hochmontane und montane Arten)
**5** Mäßigwärmezeiger: von tiefen bis in montane Lagen, Schwergewicht in submontan-temperaten Bereichen
**6** zwischen 5 und 7 stehend (planar bis collin)
**7** Wärmezeiger: im nördlichen Mitteleuropa nur in relativ warmen Tieflagen
**8** zwischen 7 und 9 stehend, meist mit submediterranem Schwergewicht
**9** extremer Wärmezeiger: vom Mediterrangebiet nur auf wärmste Plätze im Oberrheingebiet übergreifend

***Kontinentalitätszahl K:*** Vorkommen im Kontinentalitätsgefälle Eurasiens, besonders im Hinblick auf die Temperaturschwankungen

**1** euozeanisch: in Mitteleuropa nur mit wenigen Vorposten
**2** ozeanisch: Schwergewicht im westlichen Mitteleuropa
**3** zwischen 2 und 4 stehend (d. h. in großen Teilen Mitteleuropas)
**4** subozeanisch: mit Schwergewicht in Mitteleuropa, nach Osten ausgreifend
**5** intermediär: schwach subozeanisch bis schwach subkontinental
**6** subkontinental: mit Schwergewicht im östlichen Mittel- und angrenzenden Osteuropa
**7** zwischen 6 und 8 stehend
**8** kontinental: nur an Sonderstandorten von Osten nach Mitteleuropa übergreifend
**9** eukontinental: im westlichen Mitteleuropa fehlend und im östlichen selten

***Feuchtezahl F:*** Vorkommen im Gefälle der Bodenfeuchtigkeit vom flachgründig-trockenen Felshang bis zum Sumpfboden sowie vom seichten bis zum tiefen Wasser

**1** Starktrockniszeiger: an oftmals austrocknenden Stellen lebensfähig und auf trockene Böden beschränkt
**2** zwischen 1 und 3 stehend
**3** Trockniszeiger: auf trockenen Böden häufiger vorkommend als auf frischen; auf feuchten Böden fehlend
**4** zwischen 3 und 5 stehend
**5** Frischezeiger: Schwergewicht auf mittelfeuchten Böden, auf nassen sowie auf öfter austrocknenden Böden fehlend
**6** zwischen 5 und 7 stehend
**7** Feuchtezeiger: Schwergewicht auf gut durchfeuchteten, aber nicht nassen Böden
**8** zwischen 7 und 9 stehend
**9** Nässezeiger: Schwergewicht auf oft durchnässten (luftarmen) Böden
**10** Wechselwasserzeiger: Wasserpflanze, die längere Zeiten ohne Wasserbedeckung des Bodens erträgt
**~** Zeiger für starken Wechsel
**=** Überschwemmungszeiger: auf mehr oder minder regelmäßig überschwemmten Böden

***Reaktionszahl R:*** Vorkommen im Gefälle der Bodenreaktion und des Kalkgehaltes

**1** Starksäurezeiger: niemals auf schwach sauren bis alkalischen Böden vorkommend
**2** zwischen 1 und 3 stehend
**3** Säurezeiger: Schwergewicht auf sauren Böden, ausnahmsweise bis in den neutralen Bereich
**4** zwischen 3 und 5 stehend
**5** Mäßigsäurezeiger: auf stark sauren wie auf neutralen bis alkalischen Böden selten
**6** zwischen 5 und 7 stehend
**7** Schwachsäure- bis Schwachbasenzeiger: niemals auf stark sauren Böden
**8** zwischen 7 und 9 stehend, d. h. meist auf Kalk weisend
**9** Basen- und Kalkzeiger: stets auf kalkreichen Böden



***Nährstoffzahl N:*** Vorkommen nach Nährstoffverfügbarkeit (nach Bernhardt-Römermann et al. 2018)

**1** Standorte mit sehr niedriger Nährstoffverfügbarkeit
**3** Standorte mit niedriger Nährstoffverfügbarkeit
**5** Standorte mit mittlerer Nährstoffverfügbarkeit
**7** Standorte mit hoher Nährstoffverfügbarkeit
**8** Moose kommen nicht vor (Konkurrenz durch Gefäßpflanzen zu stark)
**9** Moose kommen nicht vor (Konkurrenz durch Gefäßpflanzen zu stark)
Die Abkürzung NA steht für: nicht analysiert.

Kritische Bemerkung zu den Zeigerwerten bei Moosen: Die Übertragung der Zeigerwerte nach Ellenberg auf Moose wird teilweise kritisch betrachtet. Frahm (2018) weist darauf hin, dass es sich um empirische und stark subjektive Einschätzungen handelt, die außerdem regionale Unterschiede nicht ausreichend berücksichtigen. Urmi (2010) verwendet in der «Flora indicativa» für die Schweiz eine 5teilige Skala mit der Begründung, dass die 9stufige Skala von Düll eine unrealistische Genauigkeit vortäuscht. Er weist außerdem darauf hin, dass Moose nur für den Zentimeter- oder Dezimeterbereich ihrer Umgebung aussagekräftig sind. Ob die T- und K-Werte bei Moosen überhaupt sinnvoll sind, stellt Berg (2018) infrage, da das Vorkommen der Moose stärker an das Meso- und Mikroklima gebunden ist. Er kommt zu dem Schluss, dass die Mehrheit der Arten bei diesen Zeigerwerten als indifferent eingestuft werden müsste.

***Waldbindung*** *nach Schmidt et al. (2011)*
Die Angaben entsprechen von links nach rechts den drei geographischen Einheiten von Nord nach Süd (norddeutsches Tiefland, Hügel- und Bergland, Alpen), beziehungsweise der vierte Wert für Gesamt-Deutschland.

**M1.1** weitgehend auf geschlossenen Wald beschränkt
**M1.2** bevorzugt Waldränder und Auflichtungen
**M2.1** besiedelt Wald wie Offenland gleichermaßen
**M2.2** kann auch im Wald vorkommen, bevorzugt aber Offenland
**O** Offenlandarten

***Ökologische Artengruppe*** *nach Arbeitskreis Standortskartierung (2016)*
Unter ökologischen Artengruppen versteht man Gruppierungen von Arten, die sich einem oder mehreren Standortsfaktoren gegenüber unter bestimmten Voraussetzungen weitgehend einheitlich verhalten (Forstliche Standortsaufnahme 2016). Einzelne Pflanzenarten haben in der Regel eine weitere Amplitude als eine Kombination von Arten. Die Gruppen sind durch ihre Ansprüche an den Gesamtwasserhaushalt (Ziffern I bis VI) und nach der Grenze ihres Vorkommens auf bestimmten Humusformen (Ziffern 1–5) gekennzeichnet.

Bei Arten, die in der Forstlichen Standortsaufnahme nicht erwähnt sind, erfolgt eine Einschätzung der Autorin auf der Basis der Zeigerwerte und der Begleitarten. Diese Einschätzung dient als Anhaltspunkt und wird durch die Darstellung in Klammern kenntlich gemacht.

***Wasserhaushaltsstufen***
**I** trockene und/oder warme Standorte
**II** mäßig trockene bis mäßig frische Standorte
**III** frische bis sehr frische Standorte
**IV** feuchte bzw. wechselfeuchte Standorte
**V** mäßig nasse bis nasse Standorte
**VI** nasse Standorte.

***Humusformen:*** die betreffenden Arten und ökologischen Artengruppen sind noch konkurrenzfähig, obwohl sie u. U. bessere Humusformen vorziehen. Es muss sich also nicht um Schwerpunkte ihres Vorkommens handeln.

**1** Rohhumus (I–IV), Feuchtrohhumus (V) oder Hochmoortorf (VI)
**2** schlechtere Moder-Humusformen: rohhumusartiger Moder (vorwiegend in höheren Lagen) oder feinhumusreicher Moder (vorwiegend in niederen Lagen) (I–IV), schlechterer Feuchtmoder (V), Übergangsmoortorf (VI)
**3** bessere Moder-Humusformen: feinhumusarmer Moder (höhere Lagen) oder mullartiger Moder, z. T. mit Übergängen zu F-Mull (niedere Lagen)(I–IV), Feuchtmoder bis Feuchtmull (V) oder Übergangsmoortorf bis Anmoor (VI)

**4** F-Mull, überwiegend auf F-Mull, vereinzelt auch auf L-Mull (I–IV), Feuchtmull (V) oder Nierdermoortorf-Anmoor (VI)

**5** L-Mull, auf basenreichen oder karbonathaltigen Bodenbildungen (I–IV), Feuchtmull bis Anmoor (V) oder Niedermoortorf bis Anmoor (VI)

### *Verbreitung*

Die Angaben zur Verbreitung auf den Kontinenten überwiegend nach Frahm (2004). Die Verbreitung im Gebiet bezieht sich auf Deutschland inklusive Höhenlage (nach Aichele u. Schwegler 1993).

### *Gefährdung und Schutz*

Die Angaben zur Gefährdung sind der Roten Liste Deutschland (Caspari et al. 2018) entnommen. Bei den Porträts sind die Rote-Liste-Kategorien angegeben:



0 ausgestorben oder verschollen
1 vom Aussterben bedroht
2 stark gefährdet
3 gefährdet
G Gefährdung unbekannten Ausmaßes
R extrem selten
V Vorwarnliste
D Daten unzureichend
* ungefährdet
♦ nicht bewertet
– kein Nachweis oder nicht etabliert (nur in Regionallisten, alter Roter Liste und Synopsen der Bundesländer)

Bei den Porträts wird der Schutzstatus nicht angegeben. In der geltenden Fassung der Bundesartenschutzverordnung vom 16.02.2005 werden folgende Moosarten in der Liste der geschützten Pflanzen aufgeführt: Alle heimischen Arten der Gattungen *Hylocomium*, *Leucobryum* und *Sphagnum*.

### *Wissenswertes*

Hier werden interessante, zusätzliche Informationen zur jeweiligen Art aus diversen Quellen erwähnt (s. Literaturverzeichnis).

Polytrichaceae
Haarmützenmoose

# *Atrichum undulatum* (Hedw.) P. Beauv.

*Catharinea undulatum* (Hedw.) Weber u. Mohr
Wellenblättriges Katharinenmoos, Kahlmützenmoos, Nacktmütze
engl. Common Smoothcap, Catherine's moss

1 *lockerer Rasen*
2 *a) Stämmchen ♀, Kapseldeckel lang geschnäbelt*
*b) Stämmchen ♀, trocken gekräuselt*
3 *Blättchen mit 4 Lamellen auf der Oberseite*
4 *Pflanzen ♂ mit Antheridienständen (s. Pfeile)*
5 *junge Kapsel mit kappenförmiger Haube*

2a

***Name:*** *a* = verneinendes Praefix (= ohne), *trichos* = Haar, wegen der haarlosen, kahlen Haube; *undulatum* = mit kleinen Wellen, gewellt, wegen der gewellten Blättchen. 1780 benannte der deutsche Apotheker und Botaniker J. F. Ehrhart die Gattung nach der Zarin Katharina der Großen.

***Lebensform:*** lockere, dunkelgrüne Rasen bis 7 cm hoch (an trockenen Plätzen niedriger).

### *Erkennungsmerkmale*

- Stämmchen aufrecht, bis 7 cm, unverzweigt, Blättchen spiralig angeordnet; Blättchen lanzettlich, allmählich zur Spitze hin verjüngt, bis 1 cm lang, quergewellt, feucht abstehend, trocken stark gekräuselt, Blattrippe endet in der Blattspitze, Blattoberseite mit 4–6 Assimilationslamellen, Blattrand fast bis zum Grund mit Doppelzähnen, Blattunterseite mit einzelnen kleinen Zähnen, Blättchen am Grund ohne Blattscheide breit am Stämmchen ansitzend.
- Geschlechtsverteilung: (meist) einhäusig.
- ♂ Pflanzen mit auffälligem, endständigem, schüsselförmigem Antheridienstand, der von länglich 3eckigen, weniger stark gewellten Hüllblättern umgeben ist (splash cup).
- Sporenkapseln und Sporenreife: häufig; im Winter. Rötliche Seta (2–) 3–4 cm lang, einzeln an der Spitze des Stämmchens; Haube kahl, lang kappenförmig; Kapsel zylindrisch, 3–4 mm lang, schwach gekrümmt, reif rotbraun; Deckel lang geschnäbelt (Schnabel etwa gleich lang wie die Kapsel).

***Ähnliche Arten:*** *A. tenellum* und *A. angustatum* (beide Arten seltener, Tieflagenmoose, selten über 300 m, Pflanzen kleiner, Blätter kaum querwellig, bei *A. angustatum* Blättchen außerdem schmaler), *Mnium hornum* (auch mit Doppelzähnen und krausen trockenen Blättchen, diese aber ohne Lamellen), *Plagiomnium undulatum* (Blättchen zungenförmig abgerundet, keine Doppelzähne).

***Ökologisches Verhalten und Lebensraum:*** an schattigen, offenerdigen, lehmigen, feuchten, basenreichen, aber kalkarmen Pionierstandorten in Wäldern, verbreitet an Böschungen von Waldwegen, Zeiger für mineralische Rohböden. Auch auf Gestein und Totholz.

***Begleitarten:*** zusammen mit *Dicranella heteromalla* Klassenkennart der Moosgesellschaften saurer Erdraine; z. B. mit *Mnium hornum, Pellia epiphylla, Pogonatum urnigerum* und *Polytrichum formosum*.

***Zeigerwerte:*** L6 T K5 F6 R4 N5 ***Waldbindung:*** M2.1 M2.1 M2.1 M2.1
***Ökologische Artengruppe:*** II.3b

***Verbreitung:*** holarktisch verbreitet. Von der Ebene bis in die subalpine Stufe.

***Gefährdung:*** Rote Liste Deutschland: *.

***Wissenswertes:*** eines der häufigsten Waldbodenmoose. Die Rasen geben ein gutes Keimbett für Samen von Waldbäumen.

1 Rasen
2 Blattscheiden blass durchscheinend
3 a) Stämmchen ♀ mit Kapseln
b) Stämmchen ♂, 2jährig, Jahresgrenzen (s. Pfeile)

Polytrichaceae
Haarmützenmoose

# *Pogonatum urnigerum* (Hedw.) P. Beauv.

*Polytrichum urnigerum* L. ex Hedw.
Große Filzmütze, Großes Filzmützenmoos,
Urnentragendes Filzmützenmoos, Barthaube
engl. Urn Haircup

***Name:*** von griech. *pogon* = Bart, wegen der dicht behaarten Haube; *urnigerum* = einen Krug oder Topf tragend, wegen der Gestalt der Sporenkapseln.

***Lebensform:*** lockere Rasen oder Herden, blass blaugrün.

## ***Erkennungsmerkmale***

- Stämmchen aufrecht, 3–10 cm hoch, oft in der oberen Hälfte gabelig verzweigt, rhizomartige, unterirdische Stämmchen, Blättchen spiralig angeordnet; Blättchen lanzettlich zugespitzt, 5–7 mm lang, feucht abstehend, trocken eingekrümmt, nach oben allmählich größer werdend, Blattrippe sehr breit, mit zahlreichen Lamellen auf der Oberseite (Endzellen mit warziger Oberfläche), als kurze Stachelspitze austretend, Blattrand bis zur Scheide herab durch mehrzellige Sägezähne grob gesägt, Blattscheide blass durchscheinend bis weißlich, etwa 20 % der Blattlänge umfassend.
- Geschlechtsverteilung: zweihäusig.
- ♂ Pflanzen mit auffälligem, endständigem, schüsselförmigem Antheridienstand, der von kürzeren, breit 3eckigen, bräunlich grünen Hüllblättern umgeben ist (splash cup).
- Sporenkapseln und Sporenreife: häufig; Herbst und Winter. Seta unten rötlich, oben blass, ca. 1–5 cm lang, einzeln an der Stammspitze; Haube dicht behaart, schmutzig weiß, bedeckt die ganze Kapsel; Kapseln aufrecht, zylindrisch, rotbraun, ohne Kanten, ohne Kapselhals; Kapseldeckel rundlich mit äußerst kurzem Schnabel.

2

*Ähnliche Arten:* Die blaugrüne Farbe ist einzigartig innerhalb der Familie! *Polytrichum formosum* (Stämmchen nicht gabelig verzweigt, Pflanzen nicht bläulich grün), *Polytrichastrum alpinum* (an feuchteren Standorten, nicht bläulich grün).

*Ökologisches Verhalten und Lebensraum:* an lichten, sonnig bis halbschattigen, offenerdigen, sandigen, kiesigen bis schotterigen, wasserdurchlässigen Stellen nährstoff- und kalkarmer Standorte. An humusarmen Waldwegen montaner Gebirgsregionen, verbreitet auf Silikatgestein, aufgelassenen Steinbrüchen, Steinschutthalden. Wächst auch auf Gestein.

*Begleitarten: Atrichum undulatum, Dicranella heteromalla, Pogonatum aloides, Polytrichum formosum.*

*Zeigerwerte:* L8 T2 K6 F6 R2 N1 *Waldbindung:* M2.1 M2.2 M2.1 M2.1
*Ökologische Artengruppe:* (auf humusarmen Rohböden)

*Verbreitung:* gesamte kühlere Nordhemisphäre. Verbreitungsschwerpunkt in submontanen bis subalpinen Höhenstufen, im Flachland selten.

*Gefährdung:* Rote Liste Deutschland: *.

*Wissenswertes:* Die blaugrüne Farbe und der grob gezähnte Blattrand verleihen den Pflanzen Ähnlichkeiten mit Aloe- oder Agavenarten. Dies hat bereits Dillenius (1741) dazu bewogen, die verwandte, kleinere Art mit der rosettenförmigen Anordnung der Blättchen als Aloeähnliches Haarmützenmoos *(Pogonatum aloides)* zu beschreiben. Die Arten gehören neben *Polytrichum commune, P. juniperinum, P. piliferum* und *Polytrichastrum alpinum* zu den von Dillenius erstbeschriebenen Haarmützenmoosen.

3a

3b

Polytrichaceae
Haarmützen-
moose

# *Polytrichum commune* Hedw.

Goldenes Frauenhaarmoos, Großes Haarmützenmoos,
Gemeines Widertonmoos
engl. Common Haircap, Great Golden Maidenhair, Great Goldilocks

1 *a) Rasen*
*b) Rasenaufsicht*
2 *a) Stämmchen ♀*
*b) Stämmchen ♂*
3 *Blattscheide gelblich*
4 *Blättchen trocken anliegend, Blattscheiden von P. formosum zum Vergleich grünlich (rechts)*

***Name:*** Gattungsname schon vor Hedwig seit Plinius bekannt; *polys* = viel, *trichos* = Haar, wegen der dicht behaarten Haube; *commune* = gemein, gewöhnlich.

***Lebensform:*** lockere Hochrasen, dunkel- bis blaugrün (bärlappartig).

***Erkennungsmerkmale***

- Stämmchen 10–40 cm hoch, meist unverzweigt, kein Rhizoidenfilz an der Basis, Blättchen spiralig angeordnet; Blättchen schmal lanzettlich zugespitzt, 8–15 mm lang, feucht abstehend, trocken anliegend, Blattrippe breit mit Assimilationslamellen auf der Blattoberseite (mikroskopisch am Blattquerschnitt zu sehen: Endzellen der Lamellen eingebuchtet, einzige Art der Gattung mit diesem Merkmal!), Blattrand bis zur Blattscheide hinab scharf gezähnt, Zähne farblos, Blattscheide ca. 2 mm lang, chlorophyllfrei, weißlich bis strohgelb glänzend.
- Geschlechtsverteilung: zweihäusig.
- ♂ Pflanzen mit auffälligem, endständigem, schüsselförmigem Antheridienstand, der von dichtstehenden, kurzen, gelblich grünen Hüllblättern umgeben ist (splash cup).

- Sporenkapseln und Sporenreife: häufig; im Sommer. Seta auf ganzer Länge rötlich, bis 12 cm lang; Haube aus hellen, goldockerfarbigen, langen Filzhärchen (Name!); Sporenkapsel scharf 4kantig, schachtelförmig, mit scheibenförmig abgesetztem Hals; Deckel kurz geschnäbelt.

**Ähnliche Arten:** *P. formosum* (Pflanzen meist kürzer, Blättchen kürzer und breiter, Blattscheide grünlich, Seta oben gelblich, kein scheibenförmig abgesetzter Kapselhals, Endzellen der Lamellen eingebuchtet).

**Ökologisches Verhalten und Lebensraum:** lichtbedürftig, stark acidophil, kalkmeidend, auf feuchtem (wechselfeuchtem) bis nassem, oft torfigem Rohhumus. In Waldmooren, an quelligen Stellen und Vermoorungen besonders in bodensauren Nadelwäldern.

**Begleitarten:** oft zusammen mit *Sphagnum*-Arten.

**Zeigerwerte:** L6 T2 K6 F7 R2 N2 **Waldbindung:** M2.1 M2.1 M2.1 M2.1 **Ökologische Artengruppe:** V.1–2

**Verbreitung:** nahezu kosmopolitisch. In waldreichen Silikatgebieten mit nicht zu stark gestörtem Wasserhaushalt vom Flachland bis in die Alpen verbreitet, besonders in den Silikatmittelgebirgen noch häufig, in den Alpen und im Alpenvorland in Moorgebieten. In Kalkgebieten sowie waldfreien Ackerlandschaften und dicht besiedelten Gegenden weitgehend fehlend.

**Gefährdung:** Rote Liste Deutschland: *. Rückläufig in Gebieten mit stark verändertem Wasserhaushalt wie bei der Entwässerung von Brüchen, Feuchtwiesen und der Kultivierung von Mooren.

**Wissenswertes:** Das Goldene Frauenhaarmoos ist das größte europäische Moos. Die Bryologisch-lichenologische Arbeitsgemeinschaft für Mitteleuropa (BLAM) hat das Goldene Frauenhaarmoos als Moos des Jahres 2010 ausgewählt. Die Art ist eine der wenigen Moosarten, die nach der auf Paracelsus zurückgehende «Signaturenlehre» des Mittelalters zu Heilzwecken verwendet wurde. In diesem Fall leitete man von der dicht behaarten Haube eine Wirkung auf das menschliche Haar ab und empfahl sie bei Haarausfall. Eine der ältesten Abbildungen des Goldenen Frauenhaarmooses befindet sich im Kräuterbuch des Hieronymus Bock (1546).

1a

Polytrichaceae
Haarmützen-moose

# *Polytrichum formosum* Hedw.

*Polytrichastrum formosum* (Hedw.) G. L. Smith
Schönes Frauenhaarmoos, Wald-Frauenhaarmoos,
Schönes Widertonmoos, Wald-Bürstenmoos
engl. Bank Haircap

1 *a) Rasen*
*b) Rasenaufsicht, ♂ Pflanzen rechts*

2 *a) Stämmchen ♀ mit Kapsel und Haube*
*b) Stämmchen ♂, mehrjährig (s. Pfeile)*

3 *Blattscheiden grünlich*

2a

***Name:*** *formosum* = wohlgestaltet, schön.

***Lebensform:*** lockere bis dichte Hochrasen, dunkelgrün (bärlappartig bzw. jungen Fichtensämlingen ähnlich).

***Erkennungsmerkmale***

- Stämmchen aufrecht, bis 15 cm hoch, unverzweigt, Rhizoidenfilz an der Stammbasis, Blättchen spiralig angeordnet; Blättchen lanzettlich zugespitzt, 9–12 mm lang, feucht abstehend, trocken anliegend, mit Stachelspitze, Lamina sehr schmal, mit flachem Rand, breite Blattrippe mit Assimilationslamellen auf der Blattoberseite (mikroskopisch am Blattquerschnitt zu sehen: Endzellen der Assimilationslamellen gewölbt), bis zur Blattscheide hinab scharf gezähnt, Blattscheiden grün.
- Geschlechtsverteilung: zweihäusig.
- ♂ Pflanzen mit auffälligem, endständigem, schüsselförmigem Antheridienstand, der von dichtstehenden, meist gelbgrünen Hüllblättern umgeben ist (splash cup).
- Sporenkapseln und Sporenreife: häufig; im Sommer. Seta 4–8 cm lang, unten rötlich, oben gelblich, einzeln an der Stammspitze; Haube gelblich braun; Kapsel aufrecht bis geneigt, stumpf 4 (–6) kantig, undeutlich abgeschnürter Hals; Deckel geschnäbelt.

**Ähnliche Arten:** *Polytrichastrum alpinum* (Stämmchen verzweigt, Gebirgsmoos), *Polytrichum longisetum* (schmalere Lamina, allmählich in die Blattscheide übergehend, bei *P. formosum* vor der Blattbasis endend), *P. commune* (Blättchen schmal lanzettlich, länger, Blattscheide länger, blassweißlich bis strohgelb, glänzend, Seta 1farbig, Kapsel mit deutlich abgesetztem Hals, 5kantig, Endzellen der Assimilationslamellen eingedrückt, nasse Standorte).

**Ökologisches Verhalten und Lebensraum:** an schattigen bis halboffenen Stellen auf schwach sauren, kalkfreien Waldböden, anspruchslos. In Kalkgebieten auf morschem Holz und an oberflächlich versauerten Stellen. Wächst auch auf Gestein und Totholz.

**Begleitarten:** *Dicranum scoparium, Hylocomium splendens, Rhytidiadelphus loreus, Pleurozium schreberi, Bazzania trilobata.*

**Zeigerwerte:** L4 T2 K5 F6 R2 N3 **Waldbindung:** M2.1 M2.1 M2.1 M2.1 **Ökologische Artengruppe:** II.2a

**Verbreitung:** gesamte Holarktis. Von der Ebene bis zur Waldgrenze weit verbreitet.

**Gefährdung:** Rote Liste Deutschland: *.

**Wissenswertes:** eine der häufigsten einheimischen Moosarten. Die Gattung *Polytrichastrum* wurde von Smith (1971) eingeführt und anhand von Merkmalen des Sporophyten von *Polytrichum* abgegrenzt. Viele Autoren haben diese Änderung nicht übernommen.

Polytrichaceae
Haarmützenmoose

# *Polytrichum juniperinum* Hedw.

Wacholderblättriges Haarmützenmoos, Wacholder-Widertonmoos, Wacholderblättriges Bürstenmoos, Heide-Frauenhaarmoos
engl. Juniper Haircap

1 *Rasen (Mitte ♂ Pflanzen)*
2 *Blättchen mit brauner Blatt spitze und umgeschlagener Lamina*
3 *helle Blattscheiden (s. Pfeile)*
4 *a) Stämmchen ♀ mit Kapsel b) Stämmchen ♂ mit splash cup*

***Name:*** *juniperus* = Wacholder, wegen der blaugrünen Farbe der Blätter.

***Lebensform:*** lockere Rasen, wacholdergrün.

***Erkennungsmerkmale***

- Stämmchen aufrecht, 2–4 (–10) cm hoch, unverzweigt oder bisweilen gabelig verzweigt, Blättchen spiralig angeordnet; Blättchen lanzettlich zugespitzt, 5–10 mm lang, kurz austretende, rötliche, fein gesägte Blattrippe, feucht abstehend, trocken anliegend, Blattrippe mit Assimilationslamellen, Blattränder glatt und nach oben umgeschlagen, Blattscheide weißlich.
- Geschlechtsverteilung: zweihäusig.
- ♂ Pflanzen mit auffälligem, endständigem, schüsselförmigem Antheridienstand, der öfters von rötlich orange gefärbten Hüllblättern umgeben ist (splash cup).
- Sporenkapseln und Sporenreife: häufig; im Sommer. Seta 2–6 cm lang, einzeln an der Spitze des Stämmchens, 1farbig dunkelrot; Haube hell, weißlich; Kapsel aufrecht oder etwas geneigt, 4kantig, ca. 5 mm lang, deutlich länger als breit, mit scheibenförmigem, abgeschnürtem Hals; Deckel geschnäbelt.

***Ähnliche Arten:*** 3 weitere Arten mit umgeschlagenem Blattrand: *P. piliferum* (mit Glashaar), *P. strictum* (größer, weißer Rhizoidenfilz, feuchte bis nasse Standorte), *Polytrichastrum sexangulare* (selten, boreal-montan).

**Ökologisches Verhalten und Lebensraum:** an lichten Standorten, auf trockenen, kalkarmen, sandigen oder sandig-lehmigen Böden, auf trockenem Rohhumus, auch auf torfigem Substrat. In Heidewäldern, Rändern von Waldwegen, Waldlichtungen.

**Begleitarten:** *Campylopus flexuosus, Hypnum cupressiforme, Pohlia nutans, Polytrichum piliferum.*

**Zeigerwerte:** L8 T2 K F4 R3 N2 **Waldbindung:** M2.2 M2.2 M2.2 M2.2 **Ökologische Artengruppe:** I.1-2

**Verbreitung:** kosmopolitisch. Vom Flachland bis in die subalpine Stufe.

**Gefährdung:** Rote Liste Deutschland: *.

**Wissenswertes:** Die Art wurde von indigenen Völkern Nordamerikas und in der Traditionellen Chinesischen Medizin zu Heilzwecken verwendet, u.a. bei Wunden, Blutungen, Fieber, Nieren- und Gallensteinen (Ruiz-Molina et al. 2016). In den letzten Jahrzehnten sind Moose auf der Suche nach bioaktiven sekundären Pflanzenstoffen verstärkt in den Fokus gerückt.

Polytrichaceae
Haarmützen-moose

# *Polytrichum piliferum* Hedw.

*Polytrichum pilosum* Lindb.
Haartragendes Frauenhaarmoos, Glashaar-Frauenhaarmoos, Glashaar-Haarmützenmoos
engl. Bristly Haircap

1 *Rasen*
2 *Blättchen mit Glashaaren, am Stammende gehäuft*
3 *Blättchen mit Glashaar*
4 *Stämmchen am Grund unbeblättert*

***Name:*** *piliferum* = haartragend, wegen der Glashaare.

***Lebensform:*** lockere bis dichte Kurzrasen, bräunlich grün bis graugrün.

***Erkennungsmerkmale***

- Stämmchen aufrecht, 2–5 (–6) cm hoch, rötlich, unverzweigt, Blättchen spiralig und gehäuft an der Spitze angeordnet, Stämmchen unterhalb unbeblättert; Blättchen lanzettlich zugespitzt, 4–6 (–7) mm lang, mit Glashaar (meist mit bloßem Auge sichtbar), Blätter feucht abstehend, trocken dicht aufrecht anliegend, dann bilden die Glashaare einen kleinen Pinsel, breite Blattrippe mit Assimilationslamellen, die durchscheinende Lamina ist an den Seiten breit nach oben umgeschlagen und deckt diese zu, Blattrand ganzrandig.
- Geschlechtsverteilung: zweihäusig.
- ♂ Pflanzen mit endständigem, schüsselförmigem Antheridienstand, der von auffällig dunkelrot gefärbten Hüllblättern umgeben ist (splash cup).
- Sporenkapseln und Sporenreife: häufig; im Sommer. Seta 2–4 cm lang, rot, einzeln am Ende des Stämmchens; Haube schmutzigbraun, bis zum Kapselhals reichend; Kapsel geneigt bis waagrecht, hellbraun mit 4–6 Kanten und deutlichem, roten Hals; Deckel kurz geschnäbelt.

***Ähnliche Arten:*** unverwechselbar! Ähnlich sind evtl. am Standort kleine Pflanzen von *P. juniperinum* (Blattspitze bräunlich, gesägt), *Campylopus introflexus* (Blattränder nicht umgeschlagen, Glashaar rechtwinklig abgebogen).

2

3

**Ökologisches Verhalten und Lebensraum:** sonnig-trockene Standorte auf oft extrem nährstoffarmen Silikatböden, auf Sand oder leicht übererdeten Felsen. In Heiden, auf Dünen, in Sandgruben, an Waldrändern. Wächst auch auf Gestein.

**Begleitarten:** *Ceratodon purpureus*, *Hypnum jutlandicum*, *Racomitrium elongatum* und *Campylopus introflexus*.

**Zeigerwerte:** L9 T2 K5 F2 R2 N1 **Waldbindung:** M2.2 M2.2 0 M2.2 **Ökologische Artengruppe:** (I.1 und auf humusfreien Rohböden)

**Verbreitung:** kosmopolitisch. Vom Flachland bis ins Hochgebirge überall verbreitet und häufig. In den armen Sandgebieten Norddeutschlands bildet *P. piliferum* oft Massenbestände.

**Gefährdung:** Rote Liste Deutschland: *.

**Wissenswertes:** Das Moos ist besonders an warme und trockene Standorte angepasst. Bei Trockenheit wirken die Haarpinsel als Lichtreflektoren. Trockene Pflanzen können Temperaturen von über 70 °C überstehen. Außerdem wirken die Glashaare als Kondensationspunkte und sorgen so durch Taubildung für zusätzliche Wasserzufuhr.

4

Polytrichaceae
Haarmützen-moose

# *Polytrichum strictum* Menzies ex Brid.

*Polytrichum juniperinum* subsp. *strictum* (Brid.) Nyl. & Saelan,
*Polytrichum juniperinum* var. *affine* (Funck) Brid.
Steifblättriges Frauenhaarmoos, Steifes Frauenhaar,
Moor-Frauenhaarmoos, Moor-Widertonmoos
engl. Strict Haircap

1 *Rasen*
2 *umgeschlagener Blattrand und bräunliche Blattspitze*
3 *Kapseln in unterschiedlichem Reifezustand*
4 *a) Stämmchen mit weißem Rhizoidenfilz (s. Pfeil)*
*b) Stämmchen ♀ mit Kapsel*

***Name:*** *strictus* = steif, wegen der steif nach oben gerichteten Blättchen.

***Lebensform:*** dichte Rasen, hell- bis bläulich grün.

### *Erkennungsmerkmale*

- Stämmchen aufrecht, 10–15 (20–40) cm hoch, meist unverzweigt, können bis zu 50 cm hohe Bulte bilden, Blättchen spiralig angeordnet; Blättchen lanzettlich zugespitzt, 4–6 mm lang, Blattrippe als bräunliche Stachelspitze austretend, feucht nach oben gerichtet abstehend, trocken eng anliegend, Blattrippe mit Assimilationslamellen, Blattrand ganzrandig, nach oben über die Lamellen eingeschlagen.
- Geschlechtsverteilung: zweihäusig.
- ♂ Pflanzen mit auffälligem, endständigem, schüsselförmigem Antheridienstand, der von besonders gestalteten Hüllblättern umgeben ist (splash cup).
- Sporenkapseln und Sporenreife: Kapseln gelegentlich; im Sommer. Seta rötlich, 3–4 cm lang; Haube gelblich; Kapsel 3 mm lang, wenig länger als breit, scharf 4kantig, mit deutlichem Kapselhals; Deckel kurz geschnäbelt.

***Ähnliche Arten:*** Der weißliche Rhizoidenfilz unterscheidet die Art von allen anderen Arten der Gattung. Ebenfalls mit nach oben eingeschlagenen Blatträndern und einer Stachelspitze: *P. juniperinum* (aber Blättchen feucht horizontaler ausgebreitet, kein Rhizoidenfilz, trockene Standorte), an vergleichbaren Standorten und ebenfalls in Bulten: *P. commune* (Blättchen länger, Blattränder gezähnt).

***Ökologisches Verhalten und Lebensraum:*** kalkmeidend, meist in Torfmoosbulten. In relativ trockenen Hoch- und Zwischenmooren, häufig auf Torfmoosen in Hochmooren. Austrocknungszeiger. Wächst auch auf Totholz.

***Begleitarten:*** stets mit *Sphagnum*-Arten vergesellschaftet, außerdem *Aulacomnium palustre, Pleurozium schreberi*.

***Zeigerwerte:*** L8 T2 K6 F6 R1 N1 ***Waldbindung:*** M2.1 M2.1 M2.2 M2.1
***Ökologische Artengruppe:*** VI.1

***Verbreitung:*** holarktische Verbreitung, auch im subantarktischen Südamerika. In Deutschland hauptsächlich in den norddeutschen Moorgebieten und den Mooren im Voralpenraum verbreitet.

***Gefährdung:*** Rote Liste Deutschland: 3.

***Wissenswertes:*** Die Art ist eng verwandt mit *P. juniperinum* und wurde lange Zeit als Unterart dieser Art angesehen. Die männlichen Pflanzen können mehrere Jahre alt werden, indem sie die Antheridienstände «durchwachsen» und so ein stockwerkartiger Aufbau entsteht.

Aulacomniaceae
Streifen-Sternmoose

# *Aulacomnium palustre* (Hedw.) Schwägr.

*Mnium palustre* L. ex Hedw.
Sumpf-Streifensternmoos
engl. Bog Bead-moss

1 *Rasen zwischen Binsen*
2 *Stämmchen mit seitenständigen Brutästen*
3 *Stämmchen bis weit hinauf mit Rhizoiden (s. Pfeile)*
4 *Stämmchen gabelig verzweigt*

***Name:*** *aulax, aulakos* = Streifen, Furche, wegen der gestreiften, trocken gefurchten Kapseln, *mnion* = Moos, die Gattung war früher den Mniaceae zugeordnet; *palustre* = im Sumpf lebend.

***Lebensform:*** lockere bis dichte Rasen, grün bis gelbgrün.

***Erkennungsmerkmale***

- Stämmchen bis 10 cm hoch, aufrecht, gabelig bis ästig verzweigt, weit hinauf mit auffälligem, dichtem, braunem Rhizoidenfilz, mit seitenständigen Brutsprossen (Pseudopodien): für die Gattung charakteristische, blattlose Stängelabschnitte mit zahlreichen, mehrzelligen, bis 0,4 mm langen Brutkörpern an der Spitze, Stammblätter spiralig bis reihig angeordnet; Stammblätter lanzettlich bis schmal zungenförmig, 4–5 mm lang, feucht abstehend, trocken verbogen anliegend, Blattrippe bis in die Spitze reichend, Blattränder nur in der Spitze gezähnt, bis weit hinauf stark zurückgerollt.
- Geschlechtsverteilung: zweihäusig.
- Sporenkapseln und Sporenreife: gelegentlich; im Sommer. Kapselstiel 3–5 cm lang; Kapsel etwa 2,5 mm lang, geneigt, hochrückig, mit 8 Streifen, im Alter gefurcht (Name!); Deckel geschnäbelt.

***Ähnliche Arten:*** Verwechslungen kaum möglich. *A. androgynum* (kleiner, nur bis ca. 5 cm hoch, Brutsprosse nur endständig; bevorzugt auf morschem Holz).

***Ökologisches Verhalten und Lebensraum:*** an hellen, feuchten bis nassen, schwach sauren als auch schwach kalkhaltigen Stellen. Auf sumpfigen Waldböden, in Erlen- und Birkenbruchwäldern, in Flach- und Zwischenmooren, in Sumpfwiesen. Bodenmoos.

***Begleitarten:*** wächst oft zusammen mit Torfmoosen.

***Zeigerwerte:*** L7 T2 K6 F7 R3 N2 ***Waldbindung:*** M2.1 M2.1 M2.1 M2.1 ***Ökologische Artengruppe:*** VI.2

***Verbreitung:*** auf der Nord- und Südhemisphäre in der borealen und in den gemäßigten Zonen. Im gesamten Gebiet vom Tiefland bis über 3000 m Höhe.

***Gefährdung:*** Rote Liste Deutschland: V. Größere Bestände nur noch in Naturschutzgebieten. Trockenlegung von Feuchtgebieten und Überdüngung bewirken Rückgang.

1

Leucobryaceae
Weißmoose

# *Campylopus flexuosus* (Hedw.) Brid.

*Dicranum flexuosum* Hedw.
Bogiges Krummstielmoos
engl. Rusty Swan-neck Moss

1 *Rasen mit Bruchästchen*

2 *dichter, rotbrauner Rhizoidenfilz*

3 *Blättchen mit breiter Blattrippe (s. Pfeil)*

4 *Stämmchen gabelig verzweigt, mit Bruchästchen (s. Pfeile)*

***Name:*** *kampylos* = gekrümmt, *pous* = Fuß, wegen des gekrümmten Kapselstiels; *flexuosus* = gekrümmt.

***Lebensform:*** dichte Rasen (meist mit 0,5 cm langen, hellen Bruchästchen, die sich beim Darüberstreichen ablösen), oliv- bis dunkelgrün.

***Erkennungsmerkmale***

- Stämmchen 1–5 cm hoch, aufrecht, unverzweigt oder gabelig geteilt, in den Achseln der oberen Blätter Bruchästchen mit kleinen, anliegenden Blättchen, starker rotbrauner Rhizoidenfilz, Blättchen spiralig angeordnet; Blättchen spießförmig mit gesägter rinniger Spitze, 2–7 mm lang, Blattrippe breit (an der Blattbasis bis zu 60 % der Blattbreite einnehmend, in der Spitze fast die gesamte Breite), bis zur Blattspitze reichend; Blattflügel öhrchenförmig, farblos oder rotbraun.
- Geschlechtsverteilung: zweihäusig.
- Sporenkapseln und Sporenreife: gelegentlich; im Frühling. Kapselstiel anfangs schwanenhalsförmig niedergebogen, geschlängelt, rotgelb; Haube gewimpert; Kapseln gebogen, trocken gefurcht; Deckel geschnäbelt.

***Ähnliche Arten:*** *C. pyriformis* (keiner, hellgrün, sternförmig spreizende Brutsprosse), *Dicranodontium denudatum* (Bruchblätter vorhanden, Blättchen stark sichelförmig einseitswendig, Haube nicht gewimpert).

***Ökologisches Verhalten und Lebensraum:*** an halbschattigen bis schattigen, trockenen bis feuchten, kalkfreien, nährstoffarmen, auch stark ausgehagerten Stellen auf Rohhumus und humosem Sand- oder Skelettbo-

den. Besonders in Nadelforsten und an Rändern von Waldwegen. Wächst auch auf Gestein, Totholz und Rinde.

***Begleitarten:*** häufig zusammen mit *Leucobryum glaucum*, *Polytrichum formosum*, *Hypnum jutlandicum*, *Bazzania trilobata*.

***Zeigerwerte:*** L7 T4 K3 F6 R1 N1 ***Waldbindung:*** M2.1 M2.1 M2.1 M2.1 ***Ökologische Artengruppe:*** I.1

***Verbreitung:*** West-Europa, Nord-, Mittel- und Südamerika, Afrika, Australien und Neuseeland, gemäßigte Zonen, subozeanisch. Im ganzen Gebiet verbreitet und häufig.

***Gefährdung:*** Rote Liste Deutschland: *.

Leucobryaceae
Weißmoose

# *Campylopus introflexus* (Hedw.) Brid.

*Dicranum introflexum* Hedw.
Kaktusmoos, Haartragendes Krummstielmoos,
Langhaariges Krummstielmoos
engl. Heath Star-moss

1 *dichte Rasen*
2 *Aufsicht, Glashaare bilden Sternchen*
3 *Blättchen mit abgewinkelten Glashaaren*

***Name:*** s. *C. flexuosus; introflexus* = hineingebogen, wegen der oft rechtwinklig, allerdings nach außen, abstehenden Glashaare der Blättchen.

***Lebensform:*** dichte Rasen, Glashaare sternchenförmig umgebogen, gelblich grün bis oliv- oder graugrün.

***Erkennungsmerkmale***

- Stämmchen 4–6 cm hoch, aufrecht, dichter Rhizoidenfilz, Blättchen spiralig angeordnet; Blättchen mit oft rechtwinklig abgebogenen, gezähnten Glashaaren an den Blattspitzen, 2,5–6,5 mm lang, Blattrippe auffallend breit, ⅓–¾ der Blattbreite einnehmend.
- Geschlechtsverteilung: zweihäusig.
- Sporenkapseln und Sporenreife: gelegentlich; im Frühling. Manchmal mehrere Sporogone an einer ♀ Pflanze; Kapselstiel schwanenhalsartig gebogen, 7–12 mm lang; Kapseln eiförmig bis zylindrisch, 1–1,4 mm lang; Deckel geschnäbelt.

***Ähnliche Arten:*** *C. brevipilus* (Glashaare kurz und aufrecht, Blattrippe schmaler; in Heidemooren, selten), *C. pilifer* (Glashaare aufrecht, Blattrippe nimmt bis zu ¾ der Blattbreite ein; mediterran verbreitet), *Polytrichum piliferum* (Pflanzen meist kleiner, Blattrand nach oben umgeschlagen).

***Ökologisches Verhalten und Lebensraum:*** an sonnigen, langfristig trockenen, kalkfreien Standorten auf armen Mineral- und Humusböden, Trockentorf, Sand- und Lehmböden. Auf Küstendünen, in Silbergrasfluren und anderen, offenen Sandstandorten. Wächst auch auf Totholz.

***Begleitarten:*** *Ceratodon purpureus, Hypnum cupressiforme, Pohlia nutans, Polytrichum formosum.*

***Zeigerwerte:*** L8 T6 K3 F2 R2 N2 ***Waldbindung:*** M2.2 M2.2 M2.1 M2.1
***Ökologische Artengruppe:*** (I.1 –2)

***Verbreitung:*** ursprünglich auf der Südhemisphäre beheimatet, nach Nordamerika und Europa eingeschleppt!

***Gefährdung:*** Rote Liste Deutschland: ♦. Mit N als Neophyt gekennzeichnet.

***Wissenswertes:*** Das Kaktusmoos ist ein invasiver Neophyt! In Großbritannien sind die ersten Pflanzen der Art im Jahr 1941 entdeckt worden (Atherton et al. 2010). Die fortschreitende, rapide Ausbreitung in Europa setzte sich mit dem Erstfund in Deutschland im Jahr 1967 fort und wird durch Fundmeldungen in Süd-Europa (Portugal, Sergio et al. 2018) und in Südost-Europa (Kroatien, Alegro et al. 2018) bestätigt. In Nordamerika wurde die Art in Kalifornien im Jahr 1967 zum ersten Mal nachgewiesen (Carter 2014). Das Kaktusmoos verdrängt oft andere, seltenere heimische Arten.

Dicranaceae
Gabelzahn-
moose

1 *Rasen mit vielen Kapseln*
2 *Blattspitzen lang und sichelförmig ausgezogen*
3 *Kapseln mit lang geschnäbeltem Deckel*
4 *Stämmchen nur ca. 1 cm hoch*

# *Dicranella heteromalla* (Hedw.) Schimp.

Kleines Besenmoos, Einseitswendiges Kleingabelzahnmoos
engl. Silky Forklet-moss

***Name:*** *dikranos* = 2zinkig, wegen der in 2 Schenkel gespaltenen Zähne des Peristoms, (dikran-) *ellus* = verkleinerndes Suffix; *heteromalla* = nur auf einer Seite zottig, einseitswendig.

***Lebensform:*** ausgedehnte, dichte Rasen, glänzend gelbgrün bis grün.

### *Erkennungsmerkmale*

- Stämmchen 1–2 (–3) cm hoch, aufrecht, meist unverzweigt, Blättchen spiralig, die oberen einseitswendig angeordnet; Blättchen lanzettlich und in eine lange, sichelförmig gekrümmte Spitze ausgezogen, 2,5–3,5 mm lang, Blattrippe an der Basis etwa ⅓ der Blattbreite einnehmend, in der Spitze gesamte Breite und oft austretend, Blattrand von der Spitze bis weit hinab gezähnt.
- Geschlechtsverteilung: zweihäusig.
- Sporenkapseln und Sporenreife: häufig; Winter bis Frühling. Kapselstiel 1–4 cm lang, gelb; Kapsel aufrecht oder höchstens schwach geneigt, nicht kropfig; Deckel lang geschnäbelt.

***Ähnliche Arten:*** *D. cerviculata* (kürzere, kropfige Kapseln, auf Torf).

**Ökologisches Verhalten und Lebensraum:** an kalkfreien, nährstoffarmen Standorten. An Rändern von Waldwegen, an offenerdigen Waldböschungen oder in Gräben, auf Wurzeltellern und nacktem Waldboden. Wächst auch auf Gestein, Totholz und Rinde.

**Begleitarten:** *Atrichum undulatum, Polytrichum formosum, Hypnum cupressiforme,* Arten aus den Gesellschaften saurer Erdraine.

**Zeigerwerte:** L5 T4 K5 F4 R2 N3 **Waldbindung:** M2.1 M2.1 M2.1 M2.1 **Ökologische Artengruppe:** II.1

**Verbreitung:** gemäßigte Zonen der Nordhemisphäre. Vom Tiefland bis über 2000 m Höhe.

**Gefährdung:** Rote Liste Deutschland: *.

**Wissenswertes:** Das Kleine Besenmoos ist eine Pionierart und besiedelt meist offenerdige Stellen. Es wirkt so erosionshindernd und ist damit ein wichtiger Bodenbefestiger.

Dicranaceae
Gabelzahnmoose

# *Dicranum majus* Sm.

Großes Gabelzahnmoos
engl. Greater Fork-moss

1 *Rasen*
2 *Stämmchen mit braunem Rhizoidenfilz*
3 *Stämmchen (15 cm lang) einseitswendig beblättert*
4 *♀ Pflanzen mit mehreren Sporogonen*

**Name:** s. *Dicranella heteromalla; majus* = größer, weil die Art längere Stämmchen und Blättchen als die anderen Arten der Gattung aufweist.

**Lebensform:** hohe, lockere bis dichte Rasen, hell- bis dunkelgrün.

**Erkennungsmerkmale**

- Stämmchen bis 15 cm hoch, aufsteigend oder aufrecht, gabelig (oft sogar mehrfach) verzweigt, Rhizoidenfilz mäßig dicht, Blättchen spiralig und einseitswendig angeordnet; Blättchen schmal lanzettlich, lang ausgezogen, halbkreisförmig gebogen, 9–15 mm lang, Blattrippe auf der Unterseite abgerundet, ohne Längslamellen, Blattrand weit hinab scharf gesägt, Blattflügelzellen differenziert: hell, chlorophyllfrei.
- Geschlechtsverteilung: zweihäusig. Winzige Zwergmännchen im Rhizoidenfilz der ♀ Pflanzen.
- Sporenkapseln und Sporenreife: selten; Sommer bis Herbst. Oft bis zu 5 Sporogone auf einer Pflanze, Kapselstiel dünn, durchgehend gelb; Kapsel fast waagrecht, hochrückig, bis 3 mm lang; Deckel sehr lang geschnäbelt.

**Ähnliche Arten:** großen Formen von *D. scoparium* sehr ähnlich (Blättchen bis 8 mm lang, nicht so stark gekrümmt, Blattrippe auf der Rückseite mit 4 Lamellen, Blattflügelzellen bräunlich, Kapseln einzeln), im Gelände oft schwer zu erkennen. «If you are in doubt, then it is not *D. majus*.» (Atherton et al. 2010).

**Ökologisches Verhalten und Lebensraum:** an schattig-feuchten, meist nordexponierten Stellen, auf schwach saurem Humus und auf Rohhumus in Wäldern. In den Gebirgen in Blockhalden, auf Felsköpfen und in Moorwäldern. Wächst auch auf Gestein, Totholz und Rinde.

**Begleitarten:** *Hylocomium splendens, Plagiothecium undulatum, Rhytidiadelphus loreus.*

**Zeigerwerte:** L5 T3 K6 F6 R3 N2 **Waldbindung:** M1.1 M1.1 M1.1 M1.1
**Ökologische Artengruppe:** II.1

**Verbreitung:** in der nördlichen Hemisphäre. Im Gebiet subatlantisch, Hauptvorkommen im norddeutschen Tiefland, besonders in Küstennähe in naturnahen Wäldern, im Süden montan bis subalpin.

**Gefährdung:** Rote Liste Deutschland: *.

Dicranaceae
Gabelzahnmoose

# *Dicranum polysetum* Sw.

*Dicranum undulatum* Ehrh. ex Hoffm.,
*Dicranum rugosum* Hoffm. ex Brid.
Gewelltblättriges Gabelzahnmoos, Gewelltes Gabelzahnmoos
engl. Rugose Fork-moss

1 *lockere, gelbgrüne Rasen*
2 *dichter, hellbrauner Rhizoidenfilz*
3 *Stammenden kaum einseitswendig*
4 *stark querwellige Blättchen*

***Name:*** s. *Dicranella heteromalla; polysetum* = viele Kapselstiele, wegen der in kleinen Gruppen bis zu 5 gebildeten Sporogone auf den ♀ Pflanzen.

***Lebensform:*** lockere Rasen, gelbgrün.

***Erkennungsmerkmale***

- Stämmchen 10–20 cm lang, aufrecht, unverzweigt oder gabelig verzweigt, dichter hellbrauner Rhizoidenfilz bis weit nach oben reichend, Blättchen spiralig angeordnet, oft nur die obersten etwas zusammengeneigt, nur schwach einseitswendig; Blättchen schmal 3eckig, lang zugespitzt, 7–10 mm lang, stark quergewellt, Blattrippe vor der Spitze endend, auf der Unterseite mit 2 Längslamellen, Blattrand weit hinab grob gesägt, Blattflügelzellen differenziert: locker, rechteckig bis quadratisch, bräunlich.
- Geschlechtsverteilung: zweihäusig. Zwergmännchen im Rhizoidenfilz der ♀ Pflanzen.
- Sporenkapseln und Sporenreife: selten; Sommer bis Herbst. Mehrere Sporogone auf einer ♀ Pflanze; Kapselstiel 3–4 cm lang, bräunlich; Kapsel walzenförmig, etwas gebogen, geneigt bis horizontal; Deckel lang geschnäbelt, so lang wie die Kapsel.

***Ähnliche Arten:*** *D. majus* (ähnlich groß, aber mit sehr langen, halbkreisförmig gebogenen und ungewellten Blättchen).

**Ökologisches Verhalten und Lebensraum:** an lichten, oft länger trockenen Stellen auf sandigen, neutralen bis schwach sauren, nährstoffarmen Böden. In lichten Laub- und Nadelwäldern, bevorzugt in Kiefernwäldern, in Heidegebieten. Wächst auch auf Gestein.

**Begleitarten:** *D. scoparium, Polytrichum formosum, Pleurozium schreberi, Pseudoscleropodium purum, Hypnum jutlandicum.*

**Zeigerwerte:** L6 T3 K6 F4 R5 N2 **Waldbindung:** M2.1 M2.1 M2.1 M2.1 **Ökologische Artengruppe:** I.1

**Verbreitung:** auf der nördlichen Hemisphäre. Im ganzen Gebiet vom Tiefland bis etwa 1500 m Höhe. Hauptsächlich in Kiefern- und Moorwäldern in den altpleistozänen Gebieten.

**Gefährdung:** Rote Liste Deutschland: V.

Dicranaceae
Gabelzahnmoose

# *Dicranum scoparium* Hedw.

Gewöhnliches Gabelzahnmoos, Besen-Gabelzahnmoos, Besenmoos
engl. Broom Fork-moss

1 *hellgrün glänzende Rasen*
2 *Stammenden einseitswendig gebogen*
3 *Blattunterseite mit 4 Lamellen (s. Pfeile)*
4 *Stämmchen ♀ mit Kapseln*

***Name:*** s. *Dicranella heteromalla*; *scoparius* = Besen, wegen der oben einseitswendigen Stämmchen.

***Lebensform:*** lockere bis dichte Rasen, glänzend, hellgrün bis grün.

***Erkennungsmerkmale***

- Stämmchen 5–10 cm lang, aufrecht, unverzweigt oder gabelig verzweigt, unterer Teil mit spärlichem, bräunlichem Rhizoidenfilz, Blättchen spiralig und oben einseitswendig angeordnet; Blättchen schmal säbelförmig, oft gebogen, zuweilen sogar sichelförmig, im oberen Teil rinnig und gesägt, 5–8 mm lang, Blattrippe kräftig, bis in die Blattspitze reichend, auf der Unterseite mit 4 gezähnten Längslamellen (Lupe 20fach!), Blattrand weit hinab scharf gesägt, Blattflügelzellen differenziert: rechteckig bis quadratisch, rot bis olivbraun.
- Geschlechtsverteilung: zweihäusig. Zwergmännchen im Rhizoidenfilz der ♀ Pflanzen, selten in eigenen Rasen.
- Sporenkapseln und Sporenreife: selten; Sommer bis Winter. Sporogone einzeln auf den ♀ Pflanzen; Kapselstiele 2–4 cm, unten rötlich, oben gelb; Kapsel walzenförmig, etwas gebogen, geneigt; Deckel lang geschnäbelt.

***Ähnliche Arten:*** *D. majus* (Pflanze größer, Blättchen länger, feiner, halbkreisförmig gekrümmt, Blattrippe auf der Unterseite abgerundet, Blattflügelzellen hell, Kapselstiel gelb).

***Ökologisches Verhalten und Lebensraum:*** an lichten bis schattigen, lang trockenen bis dauerfeuchten Stellen auf kalkarmem, mäßig bis stark saurem Humus und Rohhumus. In Laub- und Nadelwäldern, in Heiden, in

Zwergstrauchheiden der Gebirge. Wächst auch auf Gestein, Totholz und Rinde.

**Begleitarten:** *Hypnum cupressiforme, H. jutlandicum, Pleurozium schreberi, Polytrichum formosum.*

**Zeigerwerte:** L5 T K5 F4 R4 N2 **Waldbindung:** M2.1 M2.1 M2.1 M2.1 **Ökologische Artengruppe:** II.1

**Verbreitung:** auf der nördlichen Hemisphäre und in Neuseeland. Im ganzen Gebiet vom Tiefland bis gegen 3000 m Höhe.

**Gefährdung:** Rote Liste Deutschland: *.

**Wissenswertes:** Das Besen-Gabelzahnmoos ist eine formenreiche Art. Die Blattform kann von sichelförmig zu geradblättrig variieren, auch quergewellte Blättchen können auftreten. Ebenso können die Lamellen auf der Blattrippe der Unterseite und die Zähnung des Blattrandes unterschiedlich ausgebildet sein. Die meisten *Dicranum*-Arten gehören zu den schwer kenntlichen Moosen. Bei *Dicranum scoparium* kommt wie auch bei *Leucobryum glaucum* und *Mnium hornum* die Bildung von «Moosbällen» vor.

Fissidentaceae
Spaltzahn-
moose

# *Fissidens taxifolius* Hedw.

*Fissidens pallidicaulis* Mitt.
Eibenblättriges Spaltzahnmoos, Taschenmoos
engl. Common Pocket-moss

1 *Rasen 2–3 cm hoch*
2 *Kapseldeckel lang und schief geschnäbelt*
3 *Scheidenteil mit Rückenflügel (s. Pfeile)*
4 *Stämmchen am Grund verzweigt*

***Name:*** *fissus* = gespalten, *dens* = Zahn, wegen der gespaltenen Peristomzähne; *taxifolius* = eibenblättrig, wegen der Ähnlichkeit der 2zeiligen Blattstellung mit einem Eibenzweig; Taschenmoos wegen der besonderen Gestalt der Blättchen mit einem taschenartigen Scheidenteil.

***Lebensform:*** lockere Rasen, frisch- bis dunkelgrün.

### *Erkennungsmerkmale*

- Stämmchen 2–3 cm hoch, niederliegend bis schwach aufsteigend, am Grund verzweigt, Blättchen streng 2zeilig angeordnet; Blättchen mit besonderer und einzigartiger Gestalt: halbstängelumfassende Blättchen bestehen aus einem Spreitenteil und einem Scheidenteil; untere Blatthälfte (Scheidenteil) mit einem Rückenflügel, der an der Blattrippe ansetzt, sich nach einer Seite hinzieht und bis über die Blattmitte reicht, Scheidenteil dadurch 2schichtig («Tasche»), obere Blatthälfte ohne Flügel (Spreitenteil) 1schichtig, meist kürzer als der Scheidenteil, aufeinanderfolgende Blättchen «reiten aufeinander», indem der Scheidenteil die 1schichtige untere Hälfte des nachfolgenden Blättchens aufnimmt; Blättchen lanzettlich bis zungenförmig, 1,5–2,5 mm lang, fast waagrecht abstehend, Blattrippe an der Spitze austretend, Blattränder ungesäumt und regelmäßig durch vorspringende Zellecken fein gezähnt (krenuliert).
- Geschlechtsverteilung: einhäusig oder zweihäusig.
- Sporenkapseln und Sporenreife: häufig; Winter bis Frühling. Kapselstiel am Grund des Stämmchens entspringend, ca. 1,5 cm lang, rötlich; Kapseln meist geneigt, elliptisch, dunkelbraun, Mündung verdickt und rot gerandet; Deckel lang und schief geschnäbelt.

2

3

**Ähnliche Arten:** *F. bryoides* (Stämmchen kürzer als 1 cm, Blattrand gesäumt, Kapselstiel am Ende des Stämmchens entspringend), *F. dubius*, syn. *F. cristatus* (Stämmchen 2–5 cm hoch, Blättchen spitzwinklig abstehend, Rippe endet vor der Spitze, Kapselstiel in der Mitte des Stämmchens entspringend, Gesteinsmoos), *Schistostega pinnata* (ohne Blattrippe, ohne Rückenflügel).

**Ökologisches Verhalten und Lebensraum:** an schattigen, frischen bis feuchten, offenerdigen Stellen auf lehmigen oder tonigen, nährstoffreichen Böden. In Laubwäldern, auf Waldwegen, an Waldböschungen, in Auwäldern. Wächst auch auf Gestein und Totholz.

**Begleitarten:** *Oxyrrhynchium hians, Brachythecium velutinum, Didymodon fallax, Pellia endiviifolia.*

**Zeigerwerte:** L5 T4 K5 F6 R7 N5 **Waldbindung:** M2.1 M2.1 M2.1 M2.1
**Ökologische Artengruppe:** II.3b

**Verbreitung:** in Nord- und Südamerika, in Asien, Nordafrika und Europa. Im Gebiet vom Tiefland bis über 2000 m Höhe.

**Gefährdung:** Rote Liste Deutschland: *.

**Wissenswertes:** Der frühere Name «Farnmoos» weist auf die Ähnlichkeit der streng 2zeilig angeordneten Blättchen mit einem flachen Farnwedel hin. Bei der Namensgebung der verwandten Art *F. osmundoides* stand der Königsfarn *Osmunda* Pate und bei *F. adianthoides* der Frauenhaarfarn *Adiantum*. Die Gestalt der Blättchen ist eine Besonderheit und einzigartig unter den Laubmoosen. Eine weitere Unregelmäßigkeit innerhalb der Gattung der Spaltzahnmoose betrifft die Position der Sporogone am Stämmchen. Sie variiert von end- über seiten- zu grundständig.

4

1

Leucobryaceae
Weißmoose

# *Leucobryum glaucum* (Hedw.) Ångstr.

*Dicranum glaucum* Hedw.
Gemeines Weißmoos, Echtes Weißmoos, Ordenskissen
engl. Large White-moss

1 *Polster mit einzelnen, dunkelgrünen Stämmchen von Polytrichum formosum*
2 *halbkugeliges, dichtes Polster*
3 *Blattspitzen röhrenförmig eingerollt*
4 *Bruchblättchen*
5 *Stämmchen gabelig verzweigt*

***Name:*** *leukos* = weiß, *bryon* = Moos, wegen der weißlich grünen Farbe der Polster; *glaucum* = blaugrau, graugrün, bereift, glauk.

***Lebensform:*** auffällige, dichte, oft halbkugelige Polster, nass hellgrün, trocken weißlich grün bis bläulich grün.

***Erkennungsmerkmale***

- Stämmchen 5–15 (–20) cm hoch, aufrecht, gabelig bis büschelig verzweigt, Rhizoidenfilz nur schwach ausgebildet, Blättchen dicht gestellt, spiralig und schwach einseitswendig angeordnet; Blättchen von der eiförmigen, hell gesäumten Basis gleichmäßig lanzettlich ausgezogen und zugespitzt, 5–12 mm lang, die obere Blatthälfte röhrenförmig eingerollt, Blattrippe dick und mehrschichtig, bis auf einen schmalen Saum die gesamte Blattbreite einnehmend, Blättchen ganzrandig, Blattflügelzellen nicht differenziert.
- Geschlechtsverteilung: zweihäusig. Zwergmännchen in den Blattachseln der ♀ Pflanzen.
- Sporenkapseln und Sporenreife: sehr selten; im Herbst. Kapselstiel 3–7 cm lang, rot; Kapsel sehr klein, 1–2 mm lang, geneigt, gekrümmt, mit Längsfurchen, kropfig; Deckel lang geschnäbelt.

***Ähnliche Arten:*** *L. juniperoideum* (Polster flacher, bis 6 cm hoch, Blättchen kürzer, 5–7 mm, Blättchen abrupt von der eiförmigen Basis zusammengezogen in den schmaleren oberen Teil des Blattes, Gebirgsmoos, selten).

**Ökologisches Verhalten und Lebensraum:** an lichten bis schattigen, mäßig trockenen bis feuchten Stellen, auf kalkfreien, sehr nährstoffarmen, stark sauren Humus- und Rohhumus-Böden. In Laub- und Nadelwäldern, Heiden, alpinen Zwergstrauchbeständen, auf trockenem Torf, auf ausgehagerten Bodenkuppen. Säurezeiger, Aushagerungszeiger, Rohhumusbildner. Wächst auch auf Gestein und Totholz.

**Begleitarten:** *Dicranum scoparium, Hylocomium splendens, Pleurozium schreberi, Polytrichum formosum* und andere.

**Zeigerwerte:** L5 T3 K4 F7 R1 N2 **Waldbindung:** M2.1 M2.1 M2.1 M2.1 **Ökologische Artengruppe:** I.1-2

**Verbreitung:** in Eurasien und Nord- und Mittelamerika. Im ganzen Gebiet vom Tiefland bis 2500 m Höhe.

**Gefährdung:** Rote Liste Deutschland: *. Waldkalkung wirkt sich nachteilig auf die Art aus (Ahrens 1995, zit. in Nebel & Philippi 2000).

**Wissenswertes:** Der Aufbau der Blättchen des Gemeinen Weißmooses zeigt Analogien zu denjenigen der Torfmoose. Zwei verschiedene Zelltypen, die farblosen Wasserzellen (Hyalozyten) und die kleineren, chlorophyllhaltigen Blattgrünzellen (Chlorozyten) erfüllen unterschiedliche Funktionen. Ähnlich wie die Torfmoose kann das Gemeine Weißmoos ein Mehrfaches seines Trockengewichtes an Wasser speichern. Ein bei nur wenigen Moosarten beobachtetes Phänomen ist die Bildung von «Moosbällen» (s. auch *Dicranum scoparium, Mnium hornum*). Losgetretene Polster des Gemeinen Weißmooses begrünen sich auch auf der Unterseite. Die Bryologisch-lichenologische Arbeitsgemeinschaft für Mitteleuropa (BLAM) hat das Gemeine Weißmoos zum Moos des Jahres 2009 gewählt.

2

3

4

5

Mniaceae
Sternmoose

# *Mnium hornum* Hedw.

Gewöhnliches Sternmoos, Schwanenhals-Sternmoos
engl. Swan's-neck Thyme-moss

1 *Rasen mit Sporenkapseln*
2 *rostroter Rhizoidenfilz*
3 *Antheridienstände*
4 *Blattsaum mit Doppelzähnen (s. Pfeile)*
5 *a) steriles Stämmchen b) Stämmchen ♀ mit Kapsel c) Stämmchen ♂ mit Antheridien*

***Name:*** *mnion* = Moos; *hornum* = diesjährig, heurig; Schwanenhals-Sternmoos wegen des am oberen Ende schwanenhalsartig gebogenen Kapselstiels; der englische Gattungsname Thyme-moss bezieht sich auf die Ähnlichkeit der Blätter mit dem Feldthymian *(Thymus serpyllum)*.

***Lebensform:*** dichte Rasen mit Neigung zu bultigem Wuchs, dunkel- bis olivgrün, Frühjahrstriebe hellgrün.

### *Erkennungsmerkmale*

- Stämmchen der sterilen Pflanzen bis 7 cm hoch, aufrecht und oft übergebogen, unverzweigt, im unteren Teil mit dichtem, rostrotem Rhizoidenfilz, Blättchen scheinbar 2zeilig angeordnet und zum Stammende hin kleiner werdend; Stämmchen der fertilen Pflanzen aufrecht, im unteren Teil mit dichtem, rostrotem Rhizoidenfilz, Blättchen spiralig angeordnet; Blättchen feucht schmal lanzettlich bis linealisch, scharf zugespitzt, 4–12 mm lang und 1,2–2,5 mm breit, die untersten Blättchen 3eckig, trockene Blätter in der Regel verdreht und kraus; Blattrippe (bisweilen rotbraun) meist vor der Blattspitze endend und auf dem Rücken gezähnt, Blattrand mit Blattsaum aus oft bräunlich rot gefärbten, langgestreckten Zellen, bis zur Blattbasis herab mit spitzen Doppelzähnen.
- Geschlechtsverteilung: zweihäusig.
- ♂ Pflanzen am Stammende mit sternförmigen Antheridienständen (Name!). Breitere und stumpfe Hüllblätter umgeben die zentralen, körnigen, braunen Antheridien.
- Sporenkapseln und Sporenreife: häufig; im Frühjahr. Kapselstiel etwa 3 cm lang, rot, am oberen Ende schwanenhalsartig gebogen; Kapsel waagrecht bis fast nickend, oval bis länglich; Deckel gewölbt mit aufgesetzter Warze (einzige Art der Gattung *Mnium* mit dieser Deckelform).

**Ähnliche Arten:** *M. marginatum* (Sprosse und Blätter kleiner, kalkliebend), *Atrichum undulatum* (Blätter quergewellt, Assimilationslamellen auf der Oberseite, einzelne Zähne auf der Blattunterseite, Rippe reicht bis in die Blattspitze, Kapsel gebogen, aber nicht der Kapselstiel!)

**Ökologisches Verhalten und Lebensraum:** bevorzugt schattige, ausreichend feuchte, kalkarme bis kalkfreie Waldböden. Charakterart der Erlenbrüche, in Kalkgebieten selten oder fehlend, hier zeigt sie als Bewohner von Baumbasen Entkalkung durch Versauerung an. Wächst auch auf Gestein, Totholz und Rinde.

**Begleitarten:** *Dicranella heteromalla, Polytrichum formosum, Atrichum undulatum, Tetraphis pellucida, Lepidozia reptans, Diplophyllum albicans.*

**Zeigerwerte:** L5 T3 K4 F6 R3 N4 **Waldbindung:** M1.1 M1.1 M1.1 M1.1 **Ökologische Artengruppe:** II.2b

**Verbreitung:** in den gemäßigten Zonen der nördlichen Hemisphäre. Im Gebiet von der Ebene bis in mittlere Lagen.

**Gefährdung:** Rote Liste Deutschland: *.

**Wissenswertes:** eines der häufigsten heimischen Waldmoose. Außer bei *Mnium hornum* kommt auch bei *Dicranum scoparium* und *Leucobryum glaucum* die Bildung von «Moosbällen» vor. Diese können in kalten Klimaten durch Wind und Eis entstehen, aber auch durch Tiere losgetreten werden und sich auf der Unterseite begrünen.

Mniaceae
Sternmoose

# *Plagiomnium affine* (Blandow) T. J. Kop.

*Mnium affine* Blandow
Gewöhnliches Kriechsternmoos, Verwandtes Kriechsternmoos
engl. Many-fruited Thyme-moss

1 *Rasen*
2 *Blättchen mit Stachelspitze und gezähntem Rand (s. Pfeile)*
3 *Blattgrund schmal herablaufend (s. Pfeile)*
4 *kriechendes, steriles Stämmchen*

***Name:*** *plagio* = schief, quer, *mnion* = Moos, wegen der niederliegenden sterilen Stämmchen; *affine* = verschwägert, benachbart, verwandt.

***Lebensform:*** lockere bis dichte Rasen, frisch- bis dunkelgrün.

***Erkennungsmerkmale***

- sterile Stämmchen 5–10 cm lang, bogig niederliegend, stellenweise wurzelnd und wieder aufsteigend, bis in die Spitze mit rostbraunem Rhizoidenfilz, 2zeilig beblättert; fertile Stämmchen entspringen kriechenden Primärsprossen, aufrecht, 2–3 cm hoch; Blättchen eiförmig, 6–10 mm lang, Blattrippe bis in die Spitze reichend und kurz als Stachelspitze austretend, Blättchen feucht flach, trocken etwas wellig, Blattrand gesäumt, durch mehrzellige Zähne fast bis zum Grund gesägt, Blattgrund lang und schmal herablaufend, Blattzellen sehr groß, bis fast 0,1 mm lang, in diagonalen Reihen angeordnet (Lupe 20 x!).
- Geschlechtsverteilung: zweihäusig.
- ♂ Pflanzen am Stammende mit scheibenförmigen Antheridienständen.
- Sporenkapseln und Sporenreife: sehr selten; im Frühling. 1–3 Sporogone auf einer Pflanze; Kapselstiel 2–4 cm lang, rötlich; Kapsel waagrecht bis hängend; Deckel kegelförmig.

***Ähnliche Arten:*** Abgrenzung zu den verwandten Arten anhand der Ausbildung des Blattgrundes, der Art der Zähne und der Lebensräume. An ähnlichem Standort: *P. cuspidatum* (in allen Teilen kleiner, Blättchen spitz eiförmig, nur 3–5 mm lang, Blattrippe nicht austretend, Blattrand nur bis zur Blattmitte gezähnt, Blattgrund lang und breit herablaufend, Sporogone einzeln). Die anderen Arten des *Plagiomnium affine*-Aggregats sind

Bewohner sumpfiger Standorte (*P. elatum*, *P. ellipticum*) oder montan verbreitet (*P. medium*).

***Ökologisches Verhalten und Lebensraum:*** an schattigen, feuchten Stellen auf kalkarmem, aber nährstoffreicherem, humosem Boden. In Laub- und Nadelwäldern, in Gärten, Wiesen, Friedhöfen und Parkanlagen. Wächst auch auf Gestein, Totholz und Rinde.

***Begleitarten:*** oft mit *Thuidium tamariscinum*, *Eurhynchium*-Arten und anderen Waldmoosen.

***Zeigerwerte:*** L5 T4 K5 F5 R5 N4 ***Waldbindung:*** M2.1 M2.1 M2.1 M2.1
***Ökologische Artengruppe:*** II.3a

***Verbreitung:*** in Europa gemäßigte Zonen bis Nordeuropa, West-Russland, Kaukasus, Türkei, Iran und Madeira. Im Gebiet vom Tiefland bis etwa 2000 m Höhe.

***Gefährdung:*** Rote Liste Deutschland: *.

***Wissenswertes:*** Die Arten des *Plagiomnium affine*-Aggregats (*P. affine, P. elatum. P. ellipticum, P. medium*) können nicht immer mit Sicherheit unterschieden werden. Die Merkmale des Blattgrunds und der Zähnelung des Blattrands sind oft bei sterilen Pflanzen schwächer ausgebildet. Ähnlich wie die Haarmützenmoose zählen die Kriechsternmoose zu den endohydrischen Moosen, d. h. sie verfügen über ein einfaches inneres Wasserleitungssystem. Die Blättchen besitzen außerdem als Verdunstungsschutz eine dünne Wachsschicht. Trockene Pflanzen lassen sich daher nur schwer benetzen.

Mniaceae
Sternmoose

# *Plagiomnium undulatum* (Hedw.) T. J. Kop.

*Mnium undulatum* (L.) Hedw.
Wellenblättriges Sternmoos, Welliges Sternmoos,
Gewelltblättriges Kriechsternmoos
engl. Hart's-tongue Thyme-moss

1 *Rasen mit ♀ und sterilen Pflanzen*
2 *stark quergewellte Blättchen*
3 *Blattgrund breit und lang herablaufend (s. Pfeile)*
4 *a) steriles Stämmchen b) Stämmchen ♀ mit mehreren Kapseln c) Stämmchen ♂ mit Antheridien (s. Pfeil)*

***Name:*** s. *P. affine*; *undulatum* = gewellt, wegen der quergewellten Blättchen; Hart's tongue = Hirschzunge, wegen der Ähnlichkeit der Blättchen mit den Wedeln des Hirschzungenfarns *Asplenium scolopendrium*.

***Lebensform:*** lockere Rasen, hellgrün.

***Erkennungsmerkmale***

- Stämmchen entspringen kriechenden Primärsprossen, sterile Stämmchen 5–15 cm hoch, aufrecht bis überhängend, wedelförmig, oft verflacht beblättert, ♂ Stämmchen aufrecht mit scheibenförmigen Antheridienständen, ♀ Stämmchen aufrecht mit Blattschopf, Stämmchen am Grund mit rostbraunem Rhizoidenfilz; Blättchen schmal zungenförmig, 10–15 mm lang, 1–2 mm breit, feucht abstehend, trocken gekräuselt, stark querwellig, die unteren verkehrt eiförmig bis eilänglich, die oberen verlängert zungenförmig, Blattrippe in der Blattspitze endend bis austretend, Blattrand bis zur Basis herab mit spitzen, 1–2zelligen Zähnen, Blattgrund lang und breit herablaufend.
- Geschlechtsverteilung: zweihäusig.
- Sporenkapseln und Sporenreife: selten; im Frühling. 2–7 Sporogone auf einer ♀ Pflanze; Kapselstiel 2–4 cm lang, gelblich-rötlich; Kapsel waagrecht bis hängend; Deckel nahezu halbkugelig, mit kurzem Spitzchen.

***Ähnliche Arten:*** habituell einem kleinen Streifenfarn ähnlich! *Atrichum undulatum* (Blättchen zur Spitze verjüngt, Blattrand mit Doppelzähnen, Blattoberseite mit Assimilationslamellen).

***Ökologisches Verhalten und Lebensraum:*** an schattigen, feuchten Stellen auf kalk- oder basenreichem, nährstoffreichem Boden. In Laubwäldern, Auenwäldern, in Bachtälern, Erlenbrüchen, schattig-feuchten Wiesen und Rasen. Wächst auch auf Gestein, Totholz und Rinde.

***Begleitarten:*** *Eurhynchium striatum, Plagiochila asplenioides, Rhytidiadelphus triquetrus.*

***Zeigerwerte:*** L4 T3 K5 F6 R6 N5 ***Waldbindung:*** M2.2 M2.1 M2.1 M2.1
***Ökologische Artengruppe:*** III.4b

***Verbreitung:*** in Eurasien. Im Gebiet vom Tiefland bis 2000 m Höhe.

***Gefährdung:*** Rote Liste Deutschland: *.

***Wissenswertes:*** Das Wellenblättrige Sternmoos und andere Arten der Sternmoose eignen sich zur Kultur in einem abgeschlossenen Glas an einem kühlen und schattigen Platz. Die britische Bryologin Fanny Tripp bemerkt in ihrem Buch «Bristish mosses, their homes, aspects, structure and uses» (1874) Folgendes zu der Art: «Perhaps this species is the most beautiful of mosses. It's resemblance to a palm-tree makes it impossible to confound it with any other kind.»

4a

4b

4c

1

Mniaceae
Sternmoose

# *Rhizomnium punctatum* (Hedw.) T. J. Kop.

*Mnium punctatum* Hedw., *Mnium serpyllifolium* L.
Punktiertes Wurzelsternmoos
engl. Dotted Thyme-moss

1 *Rasen*
2 *a) Stämmchen ♀*
*b) Stämmchen ♂, Blättchen nach oben größer werdend*
3 *Rhizoiden nur an den Blattachseln*
4 *mehrzellschichtiger Blattsaum und aufgesetzes Spitzchen*
5 *Antheridienstände*
6 *Kapsel geschnäbelt*

***Name:*** *rhiza* = Wurzel, *mnion* = Moos, wegen des meist dichten Rhizoidenfilzes; *punctatum* = punktiert, weil die fast eirunden, dicht nebeneinanderliegenden Blattzellen unter der Lupe wie ein Sieb aussehen.

***Lebensform:*** lockerer Rasen, dunkel- bis braungrün.

***Erkennungsmerkmale***

- Stämmchen 2–5 (–10) cm hoch, aufrecht, bis weit hinauf mit rostbraunem Rhizoidenfilz, kräftige Rhizoiden (Makronemata) an den Blattachseln, Blättchen spiralig angeordnet, zur Spitze hin größer werdend, unten locker, oben dichter beblättert; Blättchen rundlich, 5–6 (–10) mm lang, bis 6 mm breit, feucht abstehend, trocken gekrümmt oder wellig, Blattrippe bis in die Spitze oder vorher verlöschend, oft rotbraun gefärbt, Blattspitze mit oder ohne kurzem, aufgesetztem Spitzchen, Blattrand ganzrandig, durch mehrere Zellreihen gesäumt, oft rotbraun gefärbt.
- Geschlechtsverteilung: zweihäusig.
- ♂ Pflanzen mit ausgeprägten, gipfelständigen Blattrosetten von bis zu 1 cm Breite und zentralem, dunklem Antheridienstand.
- Sporenkapseln und Sporenreife: häufig; Herbst bis Winter (Frühling, bei einigen Autoren). Sporogone einzeln auf den ♀ Pflanzen; Kapselstiel 2–3 cm lang, orangerot; Kapsel eiförmig, waagrecht bis nickend, 4–5 mm lang; Deckel geschnäbelt.

2a

**Ähnliche Arten:** *R. pseudopunctatum* (Blattspitze ohne aufgesetztes Spitzchen, Blattrippe endet deutlich vor der Blattspitze, einzellschichtiger Blattsaum, zweierlei Rhizoiden vorhanden: dünnere Rhizoiden (Mikronemata) auf der gesamten Stämmchenoberfläche, kräftigere Rhizoiden (Makronemata) in den Blattachseln; in Flachmooren, selten), *Cinclidium stygium* (Blattrippe reicht bis in die Spitze, zumindest die oberen Blätter mit etwas ausgezogener, scharfer Spitze, Blätter gegen die Basis plötzlich verschmälert, sehr selten).

**Ökologisches Verhalten und Lebensraum:** an schattigen bis tiefschattigen, feuchten bis nassen Stellen auf schwach kalkhaltigen, mäßig sauren Böden. In Laub- und Nadelwäldern, in Auwäldern, an Bachufern, in Quellfluren. Wächst auch auf Gestein und Totholz.

**Begleitarten:** *Hookeria lucens, Plagiochila asplenioides, Plagiomnium undulatum, Rhodobryum roseum.*

**Zeigerwerte:** L3 T3 K4 F6 R4 N4 **Waldbindung:** M1.1 M1.1 M1.1 M1.1 **Ökologische Artengruppe:** III.3

**Verbreitung:** in Eurasien und Nordamerika. Im Gebiet vom Tiefland bis gegen 2000 m Höhe.

**Gefährdung:** Rote Liste Deutschland: *.

Bryaceae
Birnmoose

# *Rhodobryum roseum* (Hedw.) Limpr.

*Bryum roseum* (Hedw.) P. Gaertn. & al., *Mnium roseum* Hedw.
Rosettiges Rosenmoos, Echtes Rosenmoos
engl. Rose-moss

1 *Bäumchenrasen, Aufsicht*
2 *Rasen, Seitenansicht*
3 *schuppenförmige Stammblätter (s. Pfeile)*
4 *Blättchen oberhalb der Mitte am breitesten (s. Pfeile)*
5 *2jährige Stämmchen*

***Name:*** *rhodon* = Rose, *bryum* = Moos; *roseum* = Rosen-, Artname gleichbedeutend mit Gattungsname, beide wegen der Ähnlichkeit der in einer Rosette angeordneten Schopfblätter mit einer Rosenblüte.

***Lebensform:*** Bäumchenrasen, dunkel- bis schwärzlich grün.

***Erkennungsmerkmale***

- Stämmchen entspringen kriechenden Primärsprossen, 5–6 (–10) cm hoch; am Stammende 18–22 Schopfblätter, 4,5–5 (–10) mm lang, 3–4 mm breit, breiteste Stelle der Blätter oberhalb der Mitte, feucht abstehend, trocken kraus, Blattrippe etwas unterhalb der Blattspitze endend, Blattrand in der oberen Hälfte gesägt, in der unteren Hälfte schmal zurückgebogen; am Stämmchen unterhalb der Schopfblätter entfernt spiralig angeordnete, schuppenförmige Blättchen.
- Geschlechtsverteilung: zweihäusig.
- Sporenkapseln und Sporenreife: sehr selten; im Herbst. Mehrere Sporogone auf einer ♀ Pflanze; Kapselstiel 4–6 cm lang, rötlich; Kapseln hängend oder geneigt, zur Sporenreife bräunlich; Deckel stumpfkegelig.

***Ähnliche Arten:*** durch seinen charakteristischen Habitus unverwechselbar! *R. ontariense* (Blätter schmaler, mit kurz austretender Rippe, am oberen Blattrand gelblich gesäumt; montan, auf kalkigem, felsigem Untergrund, z. B. in Süddeutschland auf der Schwäbischen Alb), *Plagiomnium undulatum* (Blätter zungenförmig, stark querwellig, Blattrand nicht umgeschlagen).

**Ökologisches Verhalten und Lebensraum:** an halbschattigen oder beschatteten, luftfeuchten und frischen bis feuchten Stellen auf kalkarmen bis kalkreichen, neutralen bis schwach sauren, lehmigen, sandigen oder steinigen Substraten. In Erlenwäldern, Auwäldern, Schluchtwäldern, quelligen Stellen in Wäldern, Gebüschen, Wiesen.

**Begleitarten:** *Cirriphyllum piliferum, Plagiochila asplenioides, Plagiomnium affine, P. undulatum, Rhizomnium punctatum, Thuidium tamariscinum.*

**Zeigerwerte:** L4 T3 K6 F6 R7 N2 **Waldbindung:** M2.1 M2.1 M2.1 M2.1 **Ökologische Artengruppe:** (IV.4)

**Verbreitung:** in Eurasien, in Teilen Nordamerikas. Vom Tiefland bis 2000 m Höhe.

**Gefährdung:** Rote Liste Deutschland: *.

**Wissenswertes:** Das Rosenmoos kann die Schopfrosetten beim weiteren Wachstum «durchwachsen», sodass übereinanderstehende Rosetten entstehen. Die Rosenmoose zählen zu den wenigen Moosarten, die auch für medizinische Zwecke genutzt werden. Die verwandte Art *Rhodobryum giganteum* wird in der Traditionelllen Chinesischen Medizin bei Herzproblemen eingesetzt (Chandra et al. 2017).

Pottiaceae
Pottmoose

# *Tortella tortuosa* (Hedw.) Limpr.

*Tortula tortuosa* Hedw.
Gekräuseltes Spiralzahnmoos
engl. Frizzled Crisp-moss

1 *Rasen*
2 *stark gekräuselte Blättchen*
3 *Stämmchen ♀ mit Kapsel*
4 *Kapselmündung mit rötlichen Spiralzähnen*

***Name:*** *tortus* = Windung, (tort-) *ella* = verkleinerndes Suffix, wegen der schraubig gewundenen Peristomzähne; *tortuosa* = gewunden, wegen der stark gekräuselten Blättchen; Spiralzahn wegen der fadenförmigen, spiralig verdrehten Zähne der Kapsel.

***Lebensform:*** Rasen gelbgrün.

***Erkennungsmerkmale***

- Stämmchen 2–6 cm hoch, aufrecht, gabelig verzweigt, dichter, rostbrauner Rhizoidenfilz, Blättchen spiralig angeordnet; Blättchen lineal bis lanzettlich, sehr lang und fein zugespitzt, 4–8 mm lang, feucht locker gebogen und gewellt, trocken stark gekräuselt, Blattgrund weißlich, wasserhell, sich als Saum am Blattrand hinaufziehend, Blattrippe als kurze Stachelspitze austretend, Blattrand wellig.
- Geschlechtsverteilung: zweihäusig.
- Sporenkapseln und Sporenreife: selten; im Sommer. Kapselstiel 1,5–3 cm lang, gelblich blass; Kapsel aufrecht, eilänglich bis zylindrisch, rötliche Peristomzähne 3 x gewunden; Deckel lang geschnäbelt.

***Ähnliche Arten:*** Verwechslung kaum möglich. *T. inclinata* (Stämmchen nur bis 2 cm hoch, Blättchen bis 3 mm lang, feucht starr gerade, trocken gekräuselt, Peristomzähne 2 x gewunden, in Trockenrasen, Steinbrüchen), *T. fragilis* (Blättchen feucht steif abstehend, trocken nicht gekräuselt, Blattspitzen meist abgebrochen, Peristomzähne 3 x gewunden, alpine Art).

***Ökologisches Verhalten und Lebensraum:*** an besonnten oder schattigen, oft trockenen bis wechselfeuchten Stellen auf kalkhaltigem bis kalkreichem Untergrund. In Laub- und Nadelwäldern, Hang- und Blockwäldern, seltener in Trockenrasen. Wie auch *Ctenidium molluscum* Kalkzeiger. Wächst auch auf Gestein, Totholz und Rinde.

***Begleitarten:*** *Ctenidium molluscum, Encalypta streptocarpa, Fissidens dubius, Ditrichum flexicaule.*

***Zeigerwerte:*** L5 T K6 F4 R8 N2 ***Waldbindung:*** M1.1 M2.1 M2.1 M1.1 ***Ökologische Artengruppe:*** II.5b

***Verbreitung:*** in Eurasien und Nordamerika. Im Tiefland selten, hauptsächlich in den mittleren Lagen bis in 3500 m Höhe.

***Gefährdung:*** Rote Liste Deutschland: *.

Thuidiaceae
Thujamoose

# *Abietinella abietina* (Hedw.) M. Fleisch.

*Thuidium abietinum* (Hedw.) Schimp., *Hypnum abietinum* L.
Tännchenmoos, Tannenmoos, Echtes Tannen-Thujamoos
engl. Fir Tamarisk-moss

1 *lockerer Filz*
2 *Stämmchen locker, regelmäßig 1fach gefiedert*
3 *Stämmchen trocken: Paraphyllien deutlich sichtbar (s. Pfeile)*
4 *Stamm- und Astblättchen längsfaltig*

***Name:*** *abietinus* = tannenartig, (abietin-) *ellus* = verkleinerndes Suffix, wegen der Ähnlichkeit mit einem kleinen Tannenzweig.

***Lebensform:*** lockere, starre, glanzlose Filze, gelb- bis braungrün, im Schatten auch frischgrün.

### *Erkennungsmerkmale*

- Stämmchen kräftig, 5–12 cm lang, meist aufsteigend, wenig verzweigt, locker 1fach gefiedert, Blättchen spiralig angeordnet, zahlreiche lanzettliche oder fadenförmige, einfache oder verzweigte Paraphyllien vorhanden; Stammblätter breit eiförmig mit ausgezogener und oft verbogener Spitze, 1,2–3,7 mm lang, mit 4 Längsfalten, trocken anliegend, feucht abstehend, Blattrippe 1fach, vor der Blattspitze endend, Blattränder flach oder umgerollt, ganzrandig bis krenuliert, an der Spitze gelegentlich etwas gezähnt; Astblätter deutlich kleiner.
- Geschlechtsverteilung: zweihäusig.
- Sporenkapseln und Sporenreife: sehr selten; im Frühling. Kapselstiel 1,5–3 cm lang, rötlich; Haube kappenförmig; Kapsel fast aufrecht, zylindrisch, schwach gekrümmt; Deckel kegelig bis sehr kurz geschnäbelt.

***Ähnliche Arten:*** leicht kenntliche Art! *Thuidium tamariscinum*, *T. delicatulum* (3fach gefiedert), *T. philibertii*, syn. *T. assimile* (2–3fach gefiedert, Stammblätter in eine lange, einzellreihige Spitze ausgezogen, kalkliebend, meist in Wiesen), *T. recognitum* (2fach gefiedert, Blattrippe die Blattspitze ausfüllend, Ende der Astblätter 2spitzig, in Blockhalden, Gebirgsmoos, seltener).

***Ökologisches Verhalten und Lebensraum:*** an lichten, sonnigen und trockenen Stellen auf kalk- und nährstoffreichen Unterlagen. Am Rand trockener Kiefern- und Laubwälder, in Trockengebüschen, Trockenrasen, auf offenen, etwas humosen Kalkfelsen, an Böschungen und in Steinbrüchen. Wächst nur auf Boden.

***Begleitarten:*** *Rhytidium rugosum, Entodon concinnus, Homalothecium lutescens, Hypnum cupressiforme* var. *lacunosum, Tortella tortuosa.*

***Zeigerwerte:*** L8 T K6 F2 R7 N2 ***Waldbindung:*** O M2.2 M2.2 M2.2 ***Ökologische Artengruppe:*** (I.4-5)

***Verbreitung:*** in großen Teilen der Nordhemisphäre. In allen Höhenlagen, vom Tiefland bis in die alpine Stufe, in allen Kalkgebieten verbreitet bis häufig, in Silikatgebieten vereinzelt bis selten.

***Gefährdung:*** Rote Liste Deutschland: V. Verbuschung von Magerstandorten führt im gesamten Gebiet zu starkem Rückgang. Außerhalb der Kalkgebiete ist die Art heute selten bis ganz verschollen. Die Art ist hier als gefährdet einzustufen.

***Wissenswertes:*** Die Bryologisch-lichenologische Arbeitsgemeinschaft für Mitteleuropa (BLAM) hat diese Art zum Moos des Jahres 2011 gewählt.

2

3

4

Hypnaceae
Schlafmoose

# *Calliergonella cuspidata* (Hedw.) Loeske

*Hypnum cuspidatum* Hedw., *Acrocladium cuspidatum* (Hedw.) Lindb., *Calliergon cuspidatum* (Hedw.) Kindb.
Echtes Spießmoos, Spitzblättriges Spießmoos
engl. Pointed Spear-moss

1 *Rasen mit jungen Sporenkapseln*
2 *rötliche Rinde, rippenlose Blättchen*
3 *spießartige Astenden blass durchscheinend*
4 *Deckel mit aufgesetztem Spitzchen (s. Pfeil)*
5 *Äste 2zeilig angeordnet, etwa 2 cm lang*

***Name:*** *calliergon* = schön gearbeitet, (calliergon-) *ellus* = verkleinerndes Suffix; *cuspidatus* = stachelspitzig, wegen der spießförmig zugespitzten, steifen, oft etwas heller gefärbten Triebenden durch eng anliegende, zusammengewickelte Blättchen.

***Lebensform:*** starre Rasen, glänzend, frisch- bis goldgrün.

***Erkennungsmerkmale***

- Stämmchen bis 15 cm lang, Rinde rötlich braun, aufrecht bis niederliegend, unregelmäßig gefiedert, Äste 2zeilig angeordnet, bis etwa 2 cm lang, Stamm- und Astenden durch eng anliegende, zusammengewickelte Blättchen spießförmig, Blättchen spiralig angeordnet; Stammblätter annähernd zungenförmig, stumpf oder mit kurzem, aufgesetztem Spitzchen, 2–3 mm lang, ± dachziegelig angeordnet, Rippe fehlend oder sehr kurz und doppelt, ganzrandig; Astblätter kleiner und schmaler, mit oben eingerollten Rändern; Blattflügelzellen differenziert: weitlumig, wasserhell, scharf abgegrenzt.
- Geschlechtsverteilung: zweihäusig.
- Sporenkapseln und Sporenreife: gelegentlich; im Frühling. Kapselstiel 4–7 cm lang, rötlich, glatt; Kapsel ± waagrecht bis geneigt, gekrümmt, eiförmig, trocken furchig, unter der Mündung verengt, feucht geschwollen, rotbraun; Deckel konvex-kegelig, mit aufgesetztem Spitzchen.

***Ähnliche Arten:*** leicht erkennbar! Bei nur wenigen Moosarten findet sich die Kombination aus fiedriger Verzweigung, zugespitzten Stamm- und Astenden und fehlenden Blattrippen. *Calliergon cordifolium*, *C. giganteum*,

*C. stramineum* (stumpfe Blattspitzen, lange, 1fache Blattrippen, erste Art in stehenden Gewässern, die beiden folgenden Sumpfbewohner!), *Pleurozium schreberi* (alle Blätter liegen an, trockenere und nährstoffarme Standorte!), *Cirriphyllum piliferum* (Blättchen mit lang ausgezogener Spitze).

***Ökologisches Verhalten und Lebensraum:*** auf lichtreichen bis mäßig schattigen, luft- und bodenfeuchten (auch wechselfeuchten) bis nassen, auch zeitweise überschwemmten, kalk- und nährstoffreichen Standorten. Feuchtigkeits- und Nährstoffzeiger (auch Eutrophierungszeiger). In Flach- und Zwischenmooren, in Feucht- und Nasswiesen, in Quellfluren, in Bruch- und Auenwäldern, in Verlandungszonen und Uferbereichen, in Wassergräben, auf Wegböschungen sowie an schattigen Wald-, Gebüsch- und Wegrändern, oft in feuchten Parkwiesen und Rasen, meist als Bodenmoos. Wächst auch auf Gestein, Totholz und Rinde.

***Begleitarten:*** *Climacium dendroides, Rhytidiadelphus squarrosus, Drepanocladus aduncus, Plagiomnium elatum, P. ellipticum, Lophocolea bidentata, Fissidens adianthoides.*

***Zeigerwerte:*** L8 T3 K5 F7 R7 N4 ***Waldbindung:*** M2.2 M2.2 M2.2 M2.2 ***Ökologische Artengruppe:*** V.4-5

***Verbreitung:*** fast kosmopolitisch, auf der Nordhemisphäre in den gemäßigten Zonen, außerdem in Südamerika, Australien, Neuseeland. Im Gebiet vom Tiefland bis in die Alpen (bis 2500 m).

***Gefährdung:*** Rote Liste Deutschland: *.

***Wissenswertes:*** Die Gattung *Calliergonella* ist monotypisch, d. h. sie ist eine Gattung mit nur einer Art. Die systematische Stellung und die Verwandtschaftsbeziehungen sind umstritten. Das wenig anspruchsvolle Moos ist auch in der Kulturlandschaft häufig anzutreffen und wird durch die Zunahme von Nährstoffeinträgen gefördert. In Mooren und Quellbereichen kann die Anwesenheit von *Calliergonella cuspidata* oft als Hinweis auf Bewirtschaftung und Düngung gewertet werden.

Climaciaceae
Leitermoose

# *Climacium dendroides* (Hedw.) F. Weber & D. Mohr

Bäumchenmoos, Bäumchenartiges Leitermoos, Palmenmoos, Falsches Bäumchenmoos, Bäumchenartiges Palmen-Moos
engl. Tree-moss

1 *Rasen zwischen Binsen*
2 *schuppenförmige, stumpf 3eckige Stammblätter*
3 *Aufsicht auf «Baumkronen»*
4 *rotbraune Rinde, Astblätter mit Rippe (s. weißer Pfeil) und gesägter Spitze (s. rote Pfeile)*
5 *bäumchenartige Sekundärstämmchen*

***Name:*** *climax* = Leiter, wegen der quer leiterförmig durchbrochenen Fortsatze des inneren Perlstoms; Bäumchenmoos wegen der baumartigen Wuchsform.

***Lebensform:*** Bäumchenrasen

### *Erkennungsmerkmale*

- Hauptstämmchen unterirdisch kriechend, Sekundärstämmchen bis 10 (–15) cm hoch, rotbraune Rinde, stark rhizoidfilzig, schopfartig gehäufte, steife, abstehende Äste, zwischen den Astblättern dichter, grüner Paraphyllienfilz, Blättchen spiralig angeordnet; Blättchen der Primärsprosse und des unteren Teils der Sekundärstämmchen abgerundet 3eckig, schuppenförmig angedrückt, entfernt gestellt, bleich oder gelblich, wenig oder kein Chlorophyll; Astblätter 3–5 mm lang, längsfaltig, hohl, feucht aufrecht abstehend, trocken dicht schuppig, dachziegelig anliegend, Blattrippe vor der Blattspitze endend, Blattränder flach oder im unteren Teil etwas zurückgebogen, im oberen Teil grob gesägt.
- Geschlechtsverteilung: zweihäusig.
- Sporenkapseln und Sporenreife: selten; Herbst bis Winter. Sporenkapseln zu mehreren aus der «Krone der Bäumchen» entspringend; Kapselstiel bis etwa 4 cm lang, rötlich, gerade oder gebogen; Kapseln aufrecht, eiförmig bis zylindrisch; Deckel geschnäbelt.

**Ähnliche Arten:** typische Formen sind unverwechselbar! Andere Arten mit bäumchenartigem Wuchs sind *Thamnobryum alopecurum* (Äste in einer Ebene! Stammblätter spitz 3eckig), *Plagiomnium undulatum* (zungenförmige, quergewellte Blättchen, bis 15 mm lang und 3 mm breit).

**Ökologisches Verhalten und Lebensraum:** an halbschattigen bis lichten Stellen, auf kalkarmen und kalkfreien Böden an Waldrändern, in Bruchwäldern, Auen- und Schluchtwäldern, auf nassen Wiesen, in Sümpfen, Parkanlagen, Zierrasen und Friedhöfen. Wächst auch auf Gestein.

**Begleitarten:** oft zusammen mit *Calliergonella cuspidata, Aulacomnium palustre, Plagomnium*-Arten, *Rhytidiadelphus squarrosus, Bryum pseudotriquetrum, Pseudoscleropodium purum, Cirriphyllum piliferum*.

**Zeigerwerte:** L7 T3 K5 F6 R5 N3 **Waldbindung:** M2.1 M2.1 M2.1 M2.1 **Ökologische Artengruppe:** V.3-4

**Verbreitung:** in der Nordhemisphäre in den gemäßigten Zonen, in Mitteleuropa von der Ebene bis ins Hochgebirge. Im ganzen Gebiet vom Tiefland bis in die alpine Stufe. Vorwiegend im menschlichen Einflussbereich.

**Gefährdung:** Rote Liste Deutschland: *. Durch Eingriffe in den Wasserhaushalt, besonders in dicht besiedelten und intensiv landwirtschaftlich genutzten Gebieten, hat die Art viele Standorte verloren. Sie ist empfindlich gegen Düngung und daher aus vielen ursprünglichen Standorten in Wiesen verdrängt worden. In Park- und Grünanlagen sowie auf Friedhöfen bieten sich aber genügend Möglichkeiten zur Ansiedlung.

**Wissenswertes:** Moosart mit großer phänologischer Variationsbreite – je trockener der Standort, umso kürzer die aufrechten Sekundärstämmchen und umso dichter die Äste. Das Bäumchenmoos kann an einem lichten Fensterplatz leicht im geschlossenen Glas kultiviert werden.

3

4

5

Hypnaceae
Schlafmoose

# *Ctenidium molluscum* (Hedw.) Mitt.

*Hypnum molluscum* Hedw.
Weiches Kamm-Moos
engl. Comb-moss

1 *dichte Decken auf kalkhaltigen Waldböden*
2 *Seitenäste in charakteristischer 3ecksform*
3 *Äste dicht kammartig*
4 *Oberseite, Blattspitzen nach unten gebogen*
5 *Unterseite, sichelförmige Blattspitzen*

***Name:*** *ktenos* = Kamm, (kten-) *idium* = verkleinerndes Suffix, also Kämmchen, wegen der kammartigen Fiederästchen; *molluscum* = weichlich, von *mollis* = weich.

***Lebensform:*** dichte, flachgedrückte Decken, grün bis goldgrün.

***Erkennungsmerkmale***

- Stämmchen 5–10 cm lang, niederliegend, regelmäßig und dicht kammartig gefiedert, Äste 2zeilig gestellt in charakteristischer 3ecksform bis 1 cm lang, Blättchen spiralig angeordnet; Stammblätter breit und annähernd 3eckig, in eine lange, oft sichelförmig gebogene Spitze ausgezogen, 2–2,5 mm lang, Blattrippe kurz und doppelt oder fehlend, Blattrand gesägt; Astblätter kleiner und schmaler.
- Geschlechtsverteilung: zweihäusig.
- Sporenkapseln und Sporenreife: selten; im Frühling. Kapselstiel 1–2 cm lang, rötlich; Kapsel geneigt bis waagrecht, kurz und dick eiförmig, 2–2,5 mm lang, hochrückig; Deckel langkegelig gespitzt.

***Ähnliche Arten:*** *Brachythecium velutinum* (Blättchen mit Rippe, kalkarmer Standort)

3

**Ökologisches Verhalten und Lebensraum:** an lichten bis beschatteten, frischen bis feuchten Stellen auf kalkhaltigem Boden und Kalkgestein, auch auf basenreichen Silikatgesteinen. Ebenso in absonnigen Kalktrockenrasen und kalkreichen Nasswiesen, sekundär an Mauern und Beton. Verlässlicher Kalkzeiger. Wächst auch auf Gestein und Rinde.

**Begleitarten:** *Tortella tortuosa, Fissidens dubius, Encalypta streptocarpa, Campylium chrysophyllum, Ditrichum flexicaule, Plagiochila porelloides, Leiocolea alpestris* und weitere Arten.

**Zeigerwerte:** L5 T4 K5 F4 R8 N2 **Waldbindung:** M2.1 M2.1 M2.1 M2.1
**Ökologische Artengruppe:** II.5b

**Verbreitung:** in der ganzen Nordhemisphäre. Im Gebiet in der Mitte und im Süden in allen Kalkgebieten verbreitet und häufig, vom Tiefland bis über 2500 m Höhe.

**Gefährdung:** Rote Liste Deutschland: *.

**Wissenswertes:** Die Bryologisch-lichenologische Arbeitsgemeinschaft für Mitteleuropa (BLAM) hat das Weiche Kamm-Moos zum Moos des Jahres 2017 gewählt. Die Art ist konkurrenzstark und unter ihren dichten Decken sammeln sich Humus und Feinerde. Die Begleitart *Tortella tortuosa* ist auf eine derartige Unterlage mit Feinmaterial angewiesen.

4

5

Brachytheciaceae
Kurzbüchsenmoose

# *Eurhynchium striatum* (Hedw.) Schimp.

Echtes Gestreiftes Schönschnabelmoos,
Spitzblättriges Schönschnabelmoos
engl. Common Striated Feather-moss

1 *Bäumchenrasen*
2 *Aufsicht*
3 *stark längsfaltige Blättchen*
4 *Seitenäste bäumchenförmig*

***Name:*** *eu* = schön, *rhynchos* = Schnabel, davon abgeleitet die Verkleinerungsform *rhynchion*; *striatum* = gerillt, gestreift, wegen der Längsfalten der Blättchen; Schönschnabel wegen des lang geschnäbelten Kapseldeckels.

***Lebensform:*** lockere bis dichte, etwas starre, ausgedehnte Bäumchenrasen, glänzend, hell- bis bräunlich grün.

***Erkennungsmerkmale***

- Stämmchen 10–15 cm lang, niederliegend und wurzelnd oder aufsteigend, unregelmäßig fiedrig oder büschelig, häufig bäumchenförmig verzweigt, einzelne Äste oft peitschenartig verdünnt, Blättchen spiralig angeordnet; Stammblätter aus breit eiförmigem Grund in eine scharfe Spitze verschmälert, Blattspitzenwinkel kleiner als 45°, 2–3 mm lang, feucht sparrig abstehend, trocken nur wenig verbogen, stark längsfaltig, Blattrippe etwa ¾ der Blattlänge erreichend, das Ende der Rippe meist auf der Blattrückseite als Dorn austretend (ungefähr so lang wie ein Blattrandzahn, nur mit starker Vergrößerung!), flache oder unten schmal umgerollte, ringsum schwach gesägte Blattränder; Astblätter etwas schmaler, kleiner, bis 2 mm lang.
- Geschlechtsverteilung: zweihäusig.
- Sporenkapseln und Sporenreife: selten bis gelegentlich; Herbst bis Winter. Kapselstiel 2–4 cm lang; Kapsel 2–3 mm lang, geneigt bis horizontal, gekrümmt, zylindrisch; Deckel lang geschnäbelt.

**Ähnliche Arten:** *E. angustirete* (Blättchen herzförmig-oval, nur bis 1,5 mm lang, Blattspitzenwinkel größer als 45°, subkontinental, montan), *Brachythecium rutabulum* (nicht ringsum gesägt, Kapseldeckel kurzkegelig!)

**Ökologisches Verhalten und Lebensraum:** an halbschattigen bis schattigen, frischen oder feuchten, oft wechselfeuchten, staunassen, schwach sauren, neutralen oder kalkhaltigen Standorten. Vorwiegend auf Waldboden von nährstoffreicheren Laubwäldern und Auwäldern. Wächst auch auf Gestein, Totholz und Rinde.

**Begleitarten:** *Rhytidiadelphus triquetrus, Brachythecium rutabulum, Thuidium tamariscinum, Cirriphyllum piliferum, Kindbergia praelongum, Oxyrhynchium hians, Fissidens taxifolius, Plagiomnium affine, P. undulatum, Plagiochila asplenioides, Lophocolea bidentata, Thamnobryum alopecurum.*

**Zeigerwerte:** L5 T6 K3 F5 R6 N5 **Waldbindung:** M1.1 M1.1 M1.1 M1.1 **Ökologische Artengruppe:** II.3b

**Verbreitung:** in Eurasien und Nordafrika, subozeanisch. Im Gebiet vom Tiefland bis etwa 1000 m.

**Gefährdung:** Rote Liste Deutschland: *.

Hylocomiaceae
Hainmoose

# *Hylocomium splendens* (Hedw.) Schimp.

*Hypnum splendens* Hedw., *Hylocomium proliferum* (Brid.) Lindb.
Etagenmoos, Stockwerkmoos, Glänzendes Hainmoos
engl. Glittering Wood-moss

1 *mehrschichtige Filze*
2 *«Etage» mit Sporenkapsel*
3 *3jähriges Stämmchen*
4 *feuchte Stammblätter mit geschlängelter Spitze (s. Pfeile)*
5 *zwischen den Blättchen Paraphyllien (s. Pfeile) sichtbar*
6 *eiförmige Sporenkapsel mit kurzgeschnäbeltem Deckel*

***Name:*** *hyle* = Wald, *hylocomos* = mit Wald bewachsen, sinngemäß «Waldbewohner» (nach Schimper 1852, zit. in Smith 2004); *splendens* = glänzend, strahlend.

***Lebensform:*** lockere Filze mit stockwerkartigem Aufbau, ausgedehnt, schwach glänzend, gelblich grün bis oliv- oder braungrün.

***Erkennungsmerkmale***

- Stämmchen bis 20 cm lang, Rinde rötlich braun, aufsteigend, später übergebogen, fast regelmäßig 2–3 fach gefiedert, aus der Mitte des Rückens wächst der folgende Jahrestrieb, Äste 2zeilig gestellt, Blättchen spiralig angeordnet, Paraphyllien vorhanden; Stammblätter eiförmig mit plötzlich abgesetzter, oft etwas geschlängelter Spitze, 2–2,5 (–3) mm lang, schwach längsfaltig, (trocken) ± glänzend, durchscheinend, Doppelrippe bis zur Blattmitte, Blattrand fein gesägt; Astblätter kürzer, bis 0,7 mm, hohl, nicht faltig.
- Geschlechtsverteilung: zweihäusig.
- Sporenkapseln und Sporenreife: selten; im Frühling. Kapselstiel 2–3 cm lang; Kapsel waagrecht, eiförmig, schwach gekrümmt, braun; Deckel kurz geschnäbelt.

***Ähnliche Arten:*** unverwechselbar! Näher verwandte, seltenere Arten wie *Hylocomiastrum umbratum*, *H. pyrenaicum* und *Loeskebryum brevirostre* nur undeutlich stockwerkartig aufgebaut, *Thuidium tamariscinum* (habituell ähnlich, aber nicht stockwerkartig aufgebaut, Rinde der Stämmchen grün! Blattrippe bis kurz vor die Blattspitze und 4 deutliche Längsfalten).

**Ökologisches Verhalten und Lebensraum:** an lichtreichen, meist mäßig beschatteten, trockenen bis frischen Standorten, an schwach sauren bis neutralen, aber auch mäßig kalkhaltigen Stellen. Grasige Raine, feucht-schattige Waldböschungen, in Nadelwäldern auf Waldboden, außerdem in nicht zu stark besonnten Blockhalden und Steinbrüchen. Vorkommen in anspruchsvolleren Laubwaldgesellschaften zeigen dort oberflächliche Versauerung an. Wächst auch auf Gestein und Totholz.

**Begleitarten:** *Pleurozium schreberi, Pseudoscleropodium purum, Polytrichum formosum, Thuidium tamariscinum, Plagiochila asplenioides, Dicranum scoparium, Eurhynchium striatum, Rhytidiadelphus triquetrus, R. squarrosus, Rhodobryum roseum, Plagiomnium affine, Climacium dendroides* und *Pohlia nutans.*

**Zeigerwerte:** L6 T3 K6 F4 R5 N2 **Waldbindung:** M2.1 M2.1 M2.1 M2.1 **Ökologische Artengruppe:** II.2b

**Verbreitung:** gemäßigte Zonen der Nordhemisphäre. Durch das ganze Gebiet, vom Tiefland bis in die alpine Stufe, vor allem in waldreichen Gegenden.

**Gefährdung:** Rote Liste Deutschland: *.

**Wissenswertes:** Einige der häufigsten Waldmoose befinden sich in der Familie der Hainmoose. Das Etagenmoos ist der einzige Vertreter der Gattung *Hylocomium* in Mitteleuropa. Die jährliche Etagenbildung wird als Anpassung an den Laubfall gedeutet. Die Pflanzen können so die hinderliche Streuschicht «durchwachsen». Anhand der Anzahl der Etagen kann das Alter geschätzt werden.

2

3

4

5

6

Hypnaceae
Schlafmoose

# *Hypnum cupressiforme* Hedw.

Zypressen-Schlafmoos, Echtes Schlafmoos, Zöpfchenmoos
engl. Cypress-leaved Plait-moss

1 *Rasen*
2 *Stämmchen locker, unregelmäßig gefiedert*
3 *Oberseite, Blättchen zopfartig nach unten gebogen*
4 *Unterseite, sichelförmige Blattspitzen*
5 *Sporenkapsel mit kurz geschnäbeltem Deckel*

***Name:*** Der Gattungsname *Hypnum* umfasste bei Dillenius alle damals bekannten Astmoose und noch einige Gipfelmoose; von *hypnos* = Schlaf, weil man im Mittelalter glaubte, dass die großen, niederliegenden Astmoose gute Schlafmittel seien, sie wurden deshalb auch als Kissenfüllung verwendet; *cupressiforme* = zypressenförmig, wegen der Ähnlichkeit mit Zypressen; Zöpfchenmoos bzw. Plait-moss wegen der zopfartig nach unten gekrümmten Blättchen.

***Lebensform:*** flache, dichte Rasen, dunkel- bis gelbgrün oder olivgrün.

### *Erkennungsmerkmale*

- Stämmchen 3–10 cm lang, bis 3 mm breit, niederliegend, unregelmäßig gefiedert, Stamm- und Astenden leicht hakig herabgebogen, Blättchen spiralig angeordnet, etwas 2zeilig gescheitelt; Stammblätter aus eiförmigem Grund stark sichelförmig mit langer scharfer Spitze, herabgebogen, 2–3 mm lang, Blattrippe entweder fehlend oder kurz und doppelt, Blattrand nur an der Spitze ± gezähnt, Blattflügel nicht herablaufend, Blattflügelzellen differenziert: kaum verdickt, quadratisch; Astblätter kleiner.
- Geschlechtsverteilung: zweihäusig. Sporenkapseln dennoch häufig, da männliche Pflanzen in weibliche Rasen eingemischt sind.
- Sporenkapseln und Sporenreife: häufig; im Herbst. Kapselstiel 1–3 cm lang, rötlich; Kapsel geneigt bis waagrecht, zylindrisch, leicht gekrümmt; Deckel kegelförmig mit aufgesetztem, kurzem Schnabel.

***Ähnliche Arten:*** *H. jutlandicum* (blass- bis weißlich grün, regelmäßig gefiedert, die glänzenden, herabgebogenen Stamm- und Astenden wirken wie silbrige Punkte im Rasen, Blattrand bis zur Hälfte gesägt), *H. cupressiforme* var. *lacunosum* (wirkt aufgeblasen, Farbe gelblich grün bis goldbraun, in Trockenrasen).

***Ökologisches Verhalten und Lebensraum:*** ökologisch anspruchsloses Waldmoos, auf fast allen Substraten ohne besondere Habitatbindung wachsend. Wächst auch auf Gestein, Totholz und Rinde.

***Begleitarten:*** *Dicranum scoparium* und zahlreiche weitere Arten.

***Zeigerwerte:*** L5 T K5 F4 R4 N4. ***Waldbindung:*** M2.1 M2.1 M2.1 M2.1 ***Ökologische Artengruppe:*** II.1

***Verbreitung:*** weltweit in den gemäßigten Zonen. Vom Tiefland bis über 3500 m Höhe.

***Gefährdung:*** Rote Liste Deutschland: *.

***Wissenswertes:*** In Mitteleuropa das häufigste Astmoos. Die Art ist formenreich und sehr variabel. Für die Unterscheidung der Sippen liegt ein Schlüssel von Hedenäs (1994) vor.

2

3

4

5

Hypnaceae
Schlafmoose

# *Hypnum jutlandicum* Holmen & E. Warncke

*Hypnum cupressiforme* var. *ericetorum* Schimp.,
*Hypnum ericetorum* (B.S.G.) Loeske
Heide-Schlafmoos
engl. Heath Plait-moss

1 *Rasen mit silbrig weißen Punkten*
2 *Anordnung der Blättchen gescheitelt, zopfartig*
3 *Oberseite, Blättchen nach unten gekrümmt*
4 *Unterseite, sichelförmige Blattspitzen*
5 *Stämmchen regelmäßig gefiedert*

***Name:*** s. *H. cupressiforme; jutlandicum* = jütländisch.

***Lebensform:*** bis mehrere m² große, flache, dichte, blass- bis weißlich grüne Rasen. Die glänzenden, nach unten gekrümmten Stamm- und Astenden wirken wie silbrig weiße Punkte.

***Erkennungsmerkmale***

- Stämmchen bis 15 cm lang, niederliegend, aufsteigend oder aufrecht regelmäßig gefiedert, stark glänzende, nach unten gekrümmte Stamm- und Astenden, Blättchen spiralig angeordnet, 2zeilig gescheitelt, in schattiger Lage flache Beblätterung besonders deutlich; Stammblätter in einer nach unten (zum Substrat hin) gebogenen Spitze endend, bis 2,5 mm lang und bis 0,9 mm breit, Blattrippe undeutlich, Blattränder in der oberen Blatthälfte meist deutlich und scharf gesägt, Blattflügel meist etwas herablaufend, untere Blattflügelzellen gewöhnlich stark vergrößert, dünnwandig und hyalin; Astblätter kleiner.
- Geschlechtsverteilung: zweihäusig.
- Sporenkapseln und Sporenreife: gelegentlich; im Herbst. Kapselstiel gelblich bis rötlich braun; Kapsel geneigt bis horizontal, länglich-zylindrisch, schwach gekrümmt; Deckel nicht geschnäbelt.

***Ähnliche Arten:*** *H. cupressiforme* (Farbe kräftiger, unregelmäßig gefiedert, weniger stark verflachte Blätter und Zweige, Deckel nicht geschnäbelt, auf verschiedensten Substraten).

**Ökologisches Verhalten und Lebensraum:** an lichtreichen Stellen auf meist trockenem, kalkfreiem, nährstoffarmem, humosem Substrat, auf Silikat-Skelettböden, auf dürrem, magerem Heideboden. Hauptsächlich auf Waldboden in lichten, trockenen Kiefern- und Eichenwäldern, in Heiden und verheideten Hochmooren. Wächst meist auf dem Boden, aber auch auf Gestein, Totholz und Rinde.

**Begleitarten:** *Dicranum scoparium, D. polysetum, Pleurozium schreberi, Pohlia nutans.*

**Zeigerwerte:** L7 T3 K4 F2 R2 N2 **Waldbindung:** M2.1 M2.1 M2.1 M2.1
**Ökologische Artengruppe:** (I.1)

**Verbreitung:** in Nordamerika, Vorderasien und Europa, subozeanisch. Im Gebiet im norddeutschen Tiefland weiter verbreitet und stellenweise in Massenvorkommen.

**Gefährdung:** Rote Liste Deutschland: *.

Brachythecia-
ceae
Kurzbüchsen-
moose

# *Isothecium alopecuroides* (Lam. ex Dubois) Isov.

*Isothecium viviparum* Lindb., *Isothecium myurum* Brid.
Großes Mäuseschwanzmoos, Mäuseschwanz-Gleichbüchsenmoos, Bäumchenartiges Gleichbüchsenmoos, Echter Mäuseschwanz
engl. Larger Mouse-tail Moss

1 *Rasen mit Sporenkapseln*
2 *Blattrippen bis über die Blattmitte (s. Pfeile)*
3 *büschelig verzweigte Stämmchen*

***Name:*** *isos* = gleich, *thekion* = Büchse, wegen der regelmaßigen Kapselform; *alopecuroides* = einem Fuchsschwanz ähnlich, wegen der Ähnlichkeit mit der Ährenrispe des gleichnamigen Süßgrases *(Alopecurus)*; Mausschwanzmoos wegen der oft schwanzartigen Ästchen.

***Lebensform:*** schwach glänzende Bäumchenrasen, grün bis dunkelgrün.

***Erkennungsmerkmale***

- Sekundärstämmchen bogig aufsteigend, bis 10 cm lang, oben büschelig verzweigt (Äste trocken mäuseschwanzartig nach unten eingekrümmt), Blättchen dicht spiralig angeordnet; Stammblätter eilänglich, kurz gespitzt, 2–3 mm lang, sehr hohl, feucht aufrecht abstehend, trocken dachziegelig anliegend, Stämmchen und Äste erscheinen daher drehrund, Blattrippe 1fach oder doppelt, bis zur Blattmitte oder etwas darüber, Blattrand nahe der Blattspitze etwas gezähnt, sonst ganzrandig; Blattflügelzellen differenziert: undurchsichtig, dickwandig, quadratisch; Astblätter kleiner.
- Geschlechtsverteilung: zweihäusig.
- Sporenkapseln und Sporenreife: gelegentlich bis häufig; Herbst bis Winter. Kapselstiel 1–1,5 cm lang, rötlich, glatt; Kapsel aufrecht, elliptisch bis kurz zylindrisch; Deckel kurz geschnäbelt.

**Ähnliche Arten:** *I. myosuroides* (kleiner, zarter, Blättchen kleiner, 1–1,5 mm, stärker zugespitzt, Kapsel geneigt, auf basenarmem Gestein, Totholz und Rinde), *Thamnobryum alopecurum* (Blattränder gezähnt!).

**Ökologisches Verhalten und Lebensraum:** an meist schattigen und luftfeuchten, schwach sauren, neutralen und kalkhaltigen Stellen, ohne besondere Bodenansprüche. Vor allem an naturnahen Laubwaldstandorten, zerstreut auf Waldböden, auf Gestein und Baumwurzeln. Wächst auch auf Gestein, Totholz und Rinde, vorzugsweise am Grund von Buchen.

**Begleitarten:** *Homalia trichomanoides, Brachythecium populeum, Neckera complanata, Metzgeria furcata, Plagiochila porelloides, Porella platyphylla, Hypnum cupressiforme, Bryum capillare, Brachythecium rutabulum.*

**Zeigerwerte:** L5 T4 K6 F4 R6 N5 **Waldbindung:** M1.1 M1.1 M1.1 M1.1 **Ökologische Artengruppe:** (II.5b)

**Verbreitung:** in Europa, Teilen Asiens, in Nordafrika, auf den Kanarischen Inseln und in Nordamerika. In Mitteleuropa weit verbreitet und oft häufig, vor allem in den Mittelgebirgen und Alpen.

**Gefährdung:** Rote Liste Deutschland: *.

1

Plagiotheciaceae
Schiefbüchsenmoose

# *Plagiothecium curvifolium* Schlieph. ex Limpr.

*Plagiothecium laetum* var. *curvifolium* (Limpr.) Mastracci & M. Sauer
Krummblättriges Plattmoos
engl. Curved Silk-moss

1 *Rasen*
2 *Äste verflacht beblättert*
3 *Blättchen asymmetrisch, Spitzen gekrümmt*
4 *Blättchen 2zeilig gestellt*

***Name:*** *plagio* = schief, *theca* = Büchse/Kapsel, daher der Name Schiefbüchsenmoose; *curvifolium* = gekrümmtblättrig, weil die Blattspitzen in feuchtem Zustand hakenförmig nach unten gebogen sind.

***Lebensform:*** geschlossene, lockere bis dichte Rasen, glänzend, grün, im Schatten blass- bis graugrün.

***Erkennungsmerkmale***

- Stämmchen 2–4 cm lang, 2 mm breit, kriechend bis aufsteigend, unverzweigt, Blättchen spiralig angeordnet, jedoch 2zeilig gestellt, Äste daher verflacht beblättert; Blättchen eilänglich, leicht asymmetrisch (eine gerundete und eine ± gerade Seite), kurz gespitzt, gekrümmte, zum Boden weisende Blattspitzen, 1–2,6 mm lang, dicht stehend und sich daher meist etwas überdeckend, Blattrippe kurz und doppelt, maximal bis zur Blatthälfte reichend oder fehlend, Blattrand ganzrandig, sehr schmale, längliche Blattzellen (weniger als 10 µm breit, bis 140 µm lang) bewirken intensiven Seidenglanz, Blättchen mit 3–4 Zellen breitem, herablaufendem Band.
- Geschlechtsverteilung: einhäusig.
- Sporenkapseln und Sporenreife: häufig; Frühling bis Sommer. Kapselstiel 2–3 cm lang, rot; Kapsel aufrecht bis geneigt, länglich-zylindrisch; Deckel stumpf gespitzt.

2

***Ähnliche Arten:*** *P. laetum* (kleiner, Stämmchen 1–2 cm lang, 1–1,5 mm breit, Blättchen nur 1 mm lang, stark glänzend, ± asymmetrisch, 1–2 Zellen breites Blattflügelband), *P. denticulatum* (größer, Blättchen nicht nach unten gebogen, Blattspitze oft etwas gezähnelt, Name!), *P. nemorale, P. succulentum* (größer, ± symmetrische Blättchen). Exakte Bestimmung der *Plagiothecium*-Arten nur mikroskopisch möglich!

***Ökologisches Verhalten und Lebensraum:*** an schattigen Stellen auf nährstoffarmen, kalkfreien, stark sauren Unterlagen, bevorzugt in Nadelholzforsten, vor allem in jungen, dunklen Fichtenforsten. Wächst auch auf Gestein, Totholz und Rinde.

***Begleitarten:*** *Herzogiella seligeri, Thuidium tamariscinum, Dicranum scoparium.*

***Zeigerwerte:*** L5 T2 K4 F4 R2 N5 ***Waldbindung:*** M2.1 M2.1 M1.1 M1.1 ***Ökologische Artengruppe:*** II.2a

***Verbreitung:*** in den gemäßigten Zonen der Nordhemisphäre.

***Gefährdung:*** Rote Liste Deutschland: *. Oft in Massenbeständen, durch Fichtenanbau eher begünstigt.

3

4

Plagiothecia-ceae
Schiefbüchsen-moose

# *Plagiothecium undulatum* (Hedw.) Schimp.

*Hypnum undulatum* L. ex Hedw.
Gewelltes Plattmoos, Wurmmoos, Großes Wurmmoos, Wellenblättriges Schiefbüchsenmoos
engl. Waved Silk-moss

1 *Rasen aus geschlängelten Stämmchen*
2 *nur 3-4 cm lange Enden sind sichtbar*
3 *Blattspitzen stark querwellig*
4 *verflacht beblättertes Stämmchen*

***Name:*** s. *P. curvifolium; undulatum* = gewellt; Plattmoos wegen der verflachten Beblätterung.

***Lebensform:*** ausgedehnte, bis m$^2$-große Rasen von weißlich grüner Farbe.

### *Erkennungsmerkmale*

- Stämmchen 5–15 cm lang, 5–6 mm breit (sichtbare, grünliche und ölig glänzende Stammabschnitte oft nur 3–4 cm lang), sehr kräftig, häufig etwas geschlängelt, niederliegend, locker und unregelmäßig gefiedert, aber meist wenig verzweigt, Blättchen spiralig angeordnet, jedoch 2zeilig gestellt, Stämmchen daher verflacht beblättert; die bauch- und rückenständigen Blättchen symmetrisch, die seitenständigen asymmetrisch und zusammengefaltet, Blättchen eiförmig verlängert und kurz zugespitzt, 3–5 mm lang, im vorderen Teil stark querwellig, kurze Doppelrippe, Rand an der Blattspitze fein gezähnt, Blättchen trocken wenig verändert.
- Geschlechtsverteilung: zweihäusig.
- Sporenkapseln und Sporenreife: selten; Frühling bis Sommer. Kapselstiel 4–5 cm lang; Kapsel geneigt bis waagrecht, walzlich, schwach hochrückig bis stark gekrümmt, schwach längsstreifig; Deckel spitzkegelig.

***Ähnliche Arten:*** Verwechslung kaum möglich! Größe der Pflanzen, blassgrüne Farbe und querwellige Blättchen in dieser Kombination einmalig.

2

**Ökologisches Verhalten und Lebensraum:** an meist schattigen, frischen bis feuchten, kalkfreien, oft auch sauren, nährstoffarmen Standorten. Waldbodenmoos über saurem Humus und Rohhumus fast ausschließlich in Nadel-/Fichtenwäldern. Wächst auch auf Gestein und Totholz.

3

**Begleitarten:** *Bazzania trilobata, Rhytidiadelphus loreus, Dicranodontium denudatum, Sphagnum girgensohnii, S. capillifolium, S. quinquefarium.*

**Zeigerwerte:** L4 T3 K4 F6 R1 N2 **Waldbindung:** M1.1 M1.1 M1.1 M1.1
**Ökologische Artengruppe:** III.1

**Verbreitung:** in Nordamerika, Vorderasien und Europa. Im Nordosten Deutschlands selten. Hauptverbreitung zwischen 500 und 1500 m Höhe.

**Gefährdung:** Rote Liste Deutschland: *.

**Wissenswertes:** Leicht kenntliche Art und unter den heimischen *Plagiothecium*-Arten diejenige mit den kräftigsten und längsten Sprossen. Die Rasen bilden in Hanglagen einen guten Erosionsschutz, in ebenen Lagen können größere Bestände Rohhumusbildung und Vernässung fördern.

4

Hylocomiaceae
Hainmoose

# *Pleurozium schreberi* (Willd. ex Brid.) Mitt.

*Hypnum schreberi* Brid., *Hylocomium schreberi* (Brid.) De Not., *Hylocomium parietinum* Lindb., *Entodon schreberi* (Brid.) Mönk.
Rotstängelmoos, Schrebers Rotstängelmoos
engl. Red-stemmed Feather-moss

1 *dichter Filz*
2 *rotbraune Rinde zwischen den Blättchen sichtbar*
3 *hohle, rippenlose Blättchen mit abgestutzter, stumpfer Spitze (s. Pfeile)*
4 *Stämmchen locker, regelmäßig gefiedert*

***Name:*** *pleura* = Seite, *ozos* = Zweig, wegen der seitlich abstehenden Zweige; *schreberi*: benannt nach J. C. D. von Schreber (1739–1810), deutscher Botaniker, Schüler von Carl von Linné und Förderer von J. Hedwig.

***Lebensform:*** dichte Filze, glänzend, gelb- bis braungrün.

***Erkennungsmerkmale***

- Stämmchen 6–10 (–15) cm lang, kräftig, Rinde rötlich durchscheinend, niederliegend bis aufsteigend, locker ± regelmäßig 1fach gefiedert, Blättchen dachziegelartig spiralig angeordnet; Stammblätter breit eiförmig mit aufgesetztem, stumpfem, hohlem Spitzchen, 2–3 mm lang, blassgrün, fast durchsichtig, sehr hohl, Blattrippe kurz und doppelt oder fehlend, Blattrand ganzrandig, Blattflügelzellen differenziert: quadratisch, dickwandig und goldbraun; Astblätter kleiner.
- Geschlechtsverteilung: zweihäusig.
- Sporenkapseln und Sporenreife: sehr selten; Herbst bis Winter. Kapselstiel 2–6 cm lang, rötlich; Kapsel stark geneigt bis waagrecht, verlängert eiförmig bis walzlich, hochrückig; Deckel kurzkegelig.

***Ähnliche Arten:*** *Pseudosclerodpodium purum* (Stämmchen grün, Blättchen nicht durchscheinend, mit kurzer, aufgesetzter, zurückgebogener Spitze, Blattrippe doppelt oder 1fach, bis zur Blattmitte reichend).

***Ökologisches Verhalten und Lebensraum:*** an lichten, halbschattigen bis sonnigen, trockenen bis feuchten, sauren, nährstoffarmen Standorten, Rohhumusbesiedler. In Nadelwäldern, in Heiden und in Zwergstrauchgebüschen der Alpen, in Laubwäldern auf guten Böden nur an Stellen mit oberflächlicher Versauerung. In artenarmen Fichtenwäldern und -forsten oft weit ausgedehnte Decken. Wächst auch auf Gestein und Totholz.

***Begleitarten:*** *Polytrichum formosum, Dicranum scoparium, D. polysetum, Hylocomium splendens, Leucobryum glaucum, Hypnum jutlandicum, Rhytidiadelphus loreus, Sphagnum*-Arten.

***Zeigerwerte:*** L6 T3 K6 F4 R2 N2 ***Waldbindung:*** M2.1 M2.1 M2.1 M2.1 ***Ökologische Artengruppe:*** II.1

***Verbreitung:*** in der nördlichen Hemisphäre weit verbreitet, in der Südhemisphäre in Südamerika. Im Gebiet vom Tiefland bis über 2000 m.

***Gefährdung:*** Rote Liste Deutschland: *.

***Wissenswertes:*** Die Gattung *Pleurozium* ist monotypisch, d. h. sie ist eine Gattung mit nur einer Art. Auf Luftverschmutzung und Waldkalkung reagiert das Rotstängelmoos empfindlich. In Gebieten mit hohen Stickstoffeinträgen wird es durch das Grünstängelmoos *(Pseudoscleropodium purum)* verdrängt. In den borealen Wäldern zählt die Art zu den bestimmenden Moosarten. Ihre Eigenschaft, Metalle und Schadstoffe stark anzureichern, macht sie zu einer geeigneten Bioindikatorpflanze.

2

3

4

1

Brachythecia-
ceae
Kurzbüchsen-
moose

# *Pseudoscleropodium purum* (Hedw.) M. Fleisch.

*Scleropodium purum* (Hedw.) Limpr., *Hypnum purum* L. ex. Hedw.
Gemeines Grünstängelmoos, Großes Scheingrünstängelmoos
engl. Neat Feather-moss

1 *ölig glänzende Filze*
2 *Pflanzen mit Sporenkapseln*
3 *stark hohle Blättchen mit Rippe und aufgesetztem Spitzchen*
4 *Stämmchen regelmäßig gefiedert*

***Name:*** *pseudo* = Schein-, *skleros* = rau, *pous* = Fuß, wegen des rauen Kapselstiels mancher Arten; *purum* = rein, hell, einfach, schlicht, schmucklos.

***Lebensform:*** oft ausgedehnte Filze, ölig glänzend, bleich gelb- bis grasgrün.

***Erkennungsmerkmale***

- Stämmchen 5–15 cm lang, niederliegend bis aufsteigend, locker regelmäßig gefiedert, Blättchen dachziegelartig spiralig angeordnet; Stammblättchen breit eilanzettlich mit sehr kurzer, aufgesetzter, zurückgebogener Spitze, 2–3 mm lang, sehr hohl, aufgedunsen wirkend, schwach faltig, Blattrippe ungefähr bis zur Blattmitte reichend, doppelt oder gegabelt; Blattflügelzellen: quadratisch bis rechteckig, gelbgrün; Astblätter kleiner.
- Geschlechtsverteilung: zweihäusig.
- Sporenkapseln und Sporenreife: selten; Herbst bis Winter. Kapselstiel 2–5 cm lang, glatt; Kapsel geneigt bis waagrecht, verlängert eiförmig, mit verengter Mündung, braun; Deckel kurzkegelig.

***Ähnliche Arten:*** habituell ähnlich *Pleurozium schreberi* (Stämmchen rötlich, Blattspitze stumpf, Blattrippe fehlend oder kurze Doppelrippe).

***Ökologisches Verhalten und Lebensraum:*** an lichten bis leicht beschatteten Stellen, feuchten, kalk- und basenreichen, nährstoffreichen Böden. In lichten Wäldern und an Waldrändern, in Gebüschen, Wiesen und Parkan-

2

lagen. Zeigerart für stickstoffreiche Waldböden. An geeigneten Standorten in Massenvorkommen. Wächst auch auf Gestein und Totholz.

**Begleitarten:** *Hylocomium splendens, Rhytidiadelphus squarrosus, R. triquetrus, Thuidium tamariscinum, Plagiomnium affine, Plagiochila asplenioides.*

**Zeigerwerte:** L6 T4 K5 F4 R5 N3 **Waldbindung:** M2.1 M2.1 M2.1 M2.1 **Ökologische Artengruppe:** II.3a

**Verbreitung:** inzwischen durch Verschleppung fast weltweit verbreitet, vermutlich auch invasiv im Westen von Nordamerika und zurzeit in Ausbreitung nach Osten (Pope 2017). Im Gebiet vom Tiefland bis über 2000 m Höhe.

**Gefährdung:** Rote Liste Deutschland: *.

**Wissenswertes:** Die Gattung *Pseudoscleropodium* ist monotypisch, d. h. sie ist eine Gattung mit nur einer Art. Das Grünstängelmoos kann zu den Gewinnern in Bezug auf die Auswirkungen allgemeiner Eutrophierung gezählt werden. Nährstoffeinträge über die Luft verschaffen ihm einen Konkurrenzvorteil z. B. gegenüber dem Rotstängelmoos. Es ist weniger stark rohhumusbildend und durch die sehr dicht gestellten, sehr hohlen Blättchen ein guter Wasserspeicher.

3

4

Hypnaceae
Schlafmoose

# *Ptilium crista-castrensis* (Hedw.) De Not.

*Hypnum crista-castrensis* L.
Echtes Federmoos, Farnwedelmoos, Straußenfedermoos
engl. Ostrich-plume Feather-moss

1 *aufrecht gestellte Stämmchen*
2 *stark sichelförmig gekrümmte Blättchen*
3 *Fiederung dicht federartig*

***Name:*** *ptilon* = Feder, wegen der dichten, gleichmäßigen Fiederung; *crista* = Federbusch, *castrensis* = Militärlager, Carl von Linné benannte die Art mit *crista-castrensis* wegen ihrer Ähnlichkeit mit den Federn auf Soldaten-Helmen; Ostrich-plume = Straußenfeder.

***Lebensform:*** lockere Filze, Stämmchen oft auffällig in Reihen aufgestellt, hell- bis gelblich grün.

***Erkennungsmerkmale***

- Sekundärstämmchen 5–10 (–15) cm lang, aufrecht oder aufsteigend, regelmäßig und sehr dicht 1fach gefiedert, Fiederäste zierliche, breit lanzettliche, farnartige Wedel bildend, unterhalb der Spitze bis zur Basis alle gleich (bis zu 2 cm) lang, Ast- und Stammspitzen hakenförmig gekrümmt, Paraphyllien schmal lanzettlich, Blättchen spiralig angeordnet; Stammblätter 3eckig und lang zugespitzt, 2–3 mm lang, sichelförmig einseitswendig, stark längsfaltig, Blattrippe kurz und doppelt oder fehlend, Blattrand an der Spitze fein gezähnt; Astblätter kleiner, stärker gekrümmt.
- Geschlechtsverteilung: zweihäusig.
- Sporenkapseln und Sporenreife: ziemlich selten; im Herbst. Kapselstiel 4–5 cm lang, rötlich; Kapsel geneigt bis waagrecht, 3–4 mm lang; Deckel kurzkegelig.

***Ähnliche Arten:*** kaum Verwechslungsmöglichkeit. *Ctenidium molluscum* (viel kleiner, nur auf kalkhaltigem Untergrund).

2

**Ökologisches Verhalten und Lebensraum:** an halbschattigen bis schattigen, mäßig feuchten, schwach sauren bis sauren, kalkfreien, rohhumusreichen Standorten. In Nadelwäldern, Moorwäldern und Laubmischwäldern, in atlantischen und alpinen Zwergstrauchheiden, auf Felsen und in Blockhalden, in Kalkgebieten auf dickeren Humusauflagen. Wächst auch auf Gestein und Totholz.

**Begleitarten:** *Pleurozium schreberi, Hylocomium splendens, Rhytidiadelphus loreus, Dicranum scoparium, Plagiothecium undulatum.*

**Zeigerwerte:** L4 T2 K6 F6 R3 N2 **Waldbindung:** M1.1 M1.2 M2.1 M1.1 **Ökologische Artengruppe:** III.1

**Verbreitung:** in der nördlichen Hemisphäre, montan-subalpin. Im ganzen Gebiet, vom Tiefland bis über die Waldgrenze. Hauptverbreitung im Süden, besonders in den Gebirgen, in Mitteldeutschland größere Bestände im Randbereich von Blockhalden in der Rhön, kleinere Bestände in den anderen Mittelgebirgen.

**Gefährdung:** Rote Liste Deutschland: V.

**Wissenswertes:** Eine der am leichtesten kenntlichen Moosarten. Neben Rotstängelmoos *(Pleurozium schreberi)* und Etagenmoos *(Hylocomium splendens)* eine der häufigeren Arten in borealen Wäldern.

3

Hylocomiaceae
Hainmoose

# *Rhytidiadelphus loreus* (Hedw.) Warnst.

*Hylocomium loreum* (Hedw.) Schimp.
Schönes Kranzmoos, Schöner Runzelbruder, Riemenstengel-Kranzmoos
engl. Little Shaggy-moss

1 *lockerer Filz mit roten Sporenkapseln*
2 *Blättchen sparrig abstehend bis zurückgebogen*
3 *dunkelrote Sporenkapsel*
4 *gekrümmte Stamm- und Astenden*

***Name:*** *Rhytidium* = Runzelmoos (*rhytis, rhytidos* = Runzel, Falte) und *adelphus* = Bruder, weil beide Arten früher gemeinsam unter der Gattung *Hylocomium* geführt wurden; *loreus* = riemenförmig, wegen der langen Stämmchen.

***Lebensform:*** locker verwobene, oft ausgedehnte Filze, oliv- bis graugrün.

***Erkennungsmerkmale***

- Stämmchen 10–20 (–25) cm lang, kräftig, rötlich braun, meist niederliegend mit aufgerichteten, hakenförmigen Stamm- und Astenden, locker und unregelmäßig fiedrig verzweigt, Blättchen spiralig angeordnet; Stammblätter aus breit eiförmiger, schwach stängelumfassender Basis allmählich in eine lange, schmale, hohle Spitze verschmälert, 3–5 mm lang, in den Triebspitzen leicht sichelförmig einseitswendig, dicht gedrängt, sparrig abstehend bis zurückgekrümmt, schwach faltig, Blattrippe kurz und doppelt, gewöhnlich sehr schwach oder fehlend, Ränder zur Blattspitze hin scharf gesägt; Astblätter kleiner und schmäler, weniger stark sichelförmig.
- Geschlechtsverteilung: zweihäusig.
- Sporenkapseln und Sporenreife: selten bis gelegentlich; im Winter. Kapselstiel 2–4 cm lang, dunkelrot; Kapsel waagrecht, dick eiförmig, 2–2,4 mm lang; Deckel ± halbkugelig, mit spitzer Warze.

**Ähnliche Arten:** *R. squarrosus* (kleiner, Stämmchen aufrecht in rasigen Decken, Blättchen sehr stark zurückgebogen).

**Ökologisches Verhalten und Lebensraum:** an schattigen bis halbschattigen, grund- und luftfeuchten, kalkfreien, sauren Standorten. Vor allem in Nadelwäldern, besonders der höheren Lagen, seltener auch in bodensauren Buchenwäldern über Silikatgestein. Wächst auch auf Gestein und Totholz.

**Begleitarten:** *Dicranum scoparium, Hylocomium splendens, Polytrichum formosum, Plagiothecium undulatum.*

**Zeigerwerte:** L4 T3 K4 F6 R3 N2 **Waldbindung:** M1.1 M1.1 M1.1 M1.1
**Ökologische Artengruppe:** III.2

**Verbreitung:** in Nordamerika und Europa, subatlantisch. Hauptverbreitung im Gebiet zwischen 400 und 1500 m Höhe.

**Gefährdung:** Rote Liste Deutschland: *.

**Wissenswertes:** Der deutsche Name «Kranzmoose» für die Arten der Gattung *Rhytidiadelphus* geht auf die Verwendung vor allem des Großen Kranzmooses *(R. triquetrus)* in Kranzgebinden zurück (Scheffold 1955).

Hylocomiaceae
Hainmoose

# *Rhytidiadelphus squarrosus* (Hedw.) Warnst.

*Hypnum squarrosum* L. ex Hedw.,
*Hylocomium squarrosum* (Hedw.) Schimp.
Sparriges Kranzmoos, Sparriger Runzelbruder
engl. Springy Turf-moss

1 *rasenartige Decke mit Begleiter Siebenstern (Trientalis europaea)*
2 *Triebende mit sternförmig abgespreizten Blättchen*
3 *Blättchen stark zurückgebogen*
4 *rasiger Wuchs, wenig verzweigte Stämmchen*

***Name:*** *s. R. loreus; squarrosus* = sparrig, wegen der abstehenden und zurückgebogenen Blättchen.

***Lebensform:*** ausgedehnte, rasenartige, dichte Decken, hell- bis gelblich grün.

***Erkennungsmerkmale***

- Stämmchen 5–10 (–15) cm hoch, Rinde rötlich, aufrecht oder aufsteigend, wenig und unregelmäßig gefiedert, Äste nur bis zu 1,5 cm lang, Blättchen spiralig angeordnet, an den Triebenden sternförmig gestellt; Stammblätter 3–3,5 mm lang, aus breit eiförmigem Grund in eine lange Spitze ausgezogen, nicht oder schwach faltig, in der Mitte deutlich sparrig zurückgebogen, Blattrippe kurz und doppelt oder fehlend, nur an der Blattspitze gezähnt, Blattflügelzellen differenziert: hyalin oder orange bis braun gefärbt.
- Geschlechtsverteilung: zweihäusig.
- Sporenkapseln und Sporenreife: selten; im Winter. Kapselstiel 2–4 (–5) cm lang, dünn, rötlich; Kapsel waagrecht, eiförmig, hochrückig; Deckel kurzkegelig.

***Ähnliche Arten:*** *R. subpinnatus* (starre, fast regelmäßig gefiederte Stämmchen, diese nicht komplett von Blattbasen bedeckt und daher sichtbar, Äste bis über 2 cm lang, bogig herabgekrümmt, gegen die Spitzen dünner werdend, Astblätter nicht sparrig abstehend, Vorkommen fast ausschließlich an naturnahen Stellen, vor allem in höheren Lagen der Mittelgebirge und in den Alpen, selten).

**Ökologisches Verhalten und Lebensraum:** an lichten, halbschattigen, mäßig trockenen bis frischen, nährstoffreichen Stellen. An schattseitigen Waldrändern, in Waldwiesen, in feuchten Wiesen, Grasplätzen und Gebüschen. Wächst auch auf Totholz.

**Begleitarten:** *Brachythecium rutabulum, Calliergonella cuspidata, Cirriphyllum piliferum, Pseudoscleropodium purum.*

**Zeigerwerte:** L7 T3 K6 F6 R5 N4 **Waldbindung:** M2.2 M2.2 M2.1 M2.1 **Ökologische Artengruppe:** II.4

**Verbreitung:** in der nördlichen Hemisphäre überall häufig. Im Gebiet vom Tiefland bis über 2000 m Höhe.

**Gefährdung:** Rote Liste Deutschland: *.

**Wissenswertes:** Das Sparrige Kranzmoos ist vor allem als lästiges Garten- und Parkunkraut bekannt. Häufiges Mähen trägt eher zur weiteren Ausbreitung bei, da Moose grundsätzlich sehr regenerationsfähig sind.

Hylocomiaceae
Hainmoose

# *Rhytidiadelphus triquetrus* (Hedw.) Warnst.

*Hypnum triquetrum* L., *Hylocomium triquetrum* (Hedw.) Schimp.
Großes Kranzmoos, Dreiecksblättriges Kranzmoos, Großer Runzelbruder
engl. Big Shaggy-moss

1 *starre, gelblich grüne Rasen*
2 *3eckige, längsfaltige Stammblätter*
3 *Äste bogig herabhängend, zur Spitze dünner werdend*
4 *schopfige, übergebogene Sprossenden*

***Name:*** s. *R. loreus; triquetrus* = 3eckig, wegen der 3eckigen Blättchen.

***Lebensform:*** oft ausgedehnte, lockere, etwas starre Rasen, lebhaft grün bis gelblich grün.

***Erkennungsmerkmale***

- Stämmchen bis 20 (–30) cm lang, kräftig, Rinde rotbraun, aufsteigend oder aufrecht, unregelmäßig fiedrig verzweigt, Triebende einseitswendig übergebogen, durch schopfig gehäufte Blättchen köpfchenartig vergrößert, Äste gegen die Spitze dünner werdend, gelegentlich ausläuferartig verlängert und mit einwurzelnden Enden, Blättchen spiralig angeordnet; Stammblätter 3eckig, 3–5 mm lang und bis 3 mm breit, sparrig abstehend, nur wenig längsfaltig, dünne Doppelrippe etwa ¾ der Blattlänge erreichend, Blattrand fast bis zum Grund gesägt; Astblättchen kleiner, schmaler und kürzer zugespitzt.
- Geschlechtsverteilung: zweihäusig.
- Sporenkapseln und Sporenreife: selten; im Winter. Kapselstiel 2–4 cm lang, rot; Kapsel länglich-eiförmig bis walzlich; Deckel kegelig.

***Ähnliche Arten:*** keine Verwechslungsmöglichkeit.

***Ökologisches Verhalten und Lebensraum:*** an schattigen bis lichtreichen, höchstens zeitweise voll besonnten, mäßig feuchten bis ziemlich trockenen, auch periodisch überschwemmten, gewöhnlich basenreichen, gelegentlich schwach sauren, oft auch kalkarmen bis kalkfreien Standorten in Wäldern, Gebüschen und auf Wiesen. Weite ökologische Amplitude. Wächst auch auf Gestein und Totholz.

***Begleitarten:*** *Hylocomium splendens, Thuidium tamariscinum, Pseudoscleropodium purum, Plagiomnium affine, P. undulatum, Plagiochila asplenioides.*

***Zeigerwerte:*** L7 T3 K6 F4 R5 N3 ***Waldbindung:*** M2.1 M2.1 M2.1 M2.1 ***Ökologische Artengruppe:*** II.3a

***Verbreitung:*** in der nördlichen Hemisphäre, circumboreal. Im Gebiet vom Tiefland bis über 2000 m Höhe.

***Gefährdung:*** Rote Liste Deutschland: *.

***Wissenswertes:*** Unter den heimischen Astmoosen ist das Große Kranzmoos eine der größten und auffälligsten Arten. Da es an geeigneten Stellen Massenvorkommen bildet, wurde es u. a. als Verpackungsmaterial oder bei der Herstellung von Kränzen und Blumengestecken genutzt. Fanny Tripp berichtet in ihrem Buch «Bristish mosses, their homes, aspects, structure and uses» (1874): «This is one of the best known mosses being at the present time much collected, and, we are sorry to add, dyed a variety of colours, for decorative purposes.» Im Allgäu wurde es früher häufig im Winter zur Abdichtung der Fenster verwendet, weshalb dort auch der Name «Fenstermoos» gebräuchlich war (Scheffold 1955).

Neckeraceae
Neckermoose

# *Thamnobryum alopecurum* (Hedw.) Nieuwl. ex Gangulee

*Thamnium alopecurum* (Hedw.) Schimp.,
*Hypnum alopecurum* L. ex Hedw.
Bäumchenmoos, Echtes Bäumchenmoos, Fuchsschwanzmoos, Fuchsschwanz-Bäumchenmoos
engl. Fox-tail Feather-moss

1 *Bäumchenrasen zwischen Kalkfelsen*
2 *schuppenförmige Stammblättchen*
3 *Astblättchen mit kräftiger Rippe (s. Pfeile)*
4 *unterer Stammabschnitt unverzweigt*

***Name:*** *thamnos* = Gebüsch, Strauch, *bryon* = Moos, wegen des bäumchenartigen Wuchses; *alopecurum* = fuchsschwänzig, wegen der runden, an der Spitze dünneren Sprosse.

***Lebensform:*** lockere, starre Bäumchenrasen, grün bis dunkelgrün.

***Erkennungsmerkmale***

- Hauptstämmchen kriechend, z. T. unterirdisch mit braunem Rhizoidenfilz, Sekundärstämmchen 5–15 cm lang, Rinde dunkelbraun, aufrecht oder (an senkrechten Wänden) horizontal abstehend, untere Hälfte des Stämmchens unverzweigt, mit schuppenförmigen Niederblättern, Äste häufig wedelartig in einer Ebene 2zeilig gestellt, ohne Paraphyllien; Stammblätter schuppenförmig anliegend, 3eckig, entfernt spiralig angeordnet; Astblätter eiförmig-lanzettlich, 2–3 mm lang mit scharfer Spitze, dichtstehend, mäßig hohl, nicht faltig, Rippe kräftig, vor der Spitze endend, Blattrand im oberen Blattteil grob gezähnt, z. T. mit mehrzelligen Zähnen.
- Geschlechtsverteilung: zweihäusig.
- Sporenkapseln und Sporenreife: selten bis gelegentlich; Herbst bis Frühling. Kapselstiel entspringt der «Bäumchen-Oberseite», 1–1,5 cm lang, glatt; Kapsel geneigt bis waagerecht, oval; Deckel geschnäbelt.

**Ähnliche Arten:** Arten mit bäumchenartigem Habitus wie *Climacium dendroides* (schopfartig gehäufte Äste, Stammblättchen abgerundet 3eckig), *Isothecium alopecuroides* (Blattrand nicht gesägt!), *Eurhynchium striatum* (Blättchen breit eiförmig-3eckig, spitz, längsfaltig, ringsum gesägt).

**Ökologisches Verhalten und Lebensraum:** an schattigen, feuchten und kalkhaltigen Standorten. In Waldschluchten, schattigen Blockhalden, an quelligen Orten, entlang von Fließgewässern, als Bodenmoos in naturnahen, feuchten Laubwäldern in den großen Flusstälern. Wächst auch auf Gestein, Totholz und Rinde.

**Begleitarten:** an nassen Stellen: *Brachythecium rivulare, Cratoneuron filicinum, Rhynchostegium riparioides.* In reichen, auwaldähnlichen Laubwäldern: *Eurhynchium striatum, Homalia trichomanoides, Neckera complanata, Anomodon*-Arten.

**Zeigerwerte:** L4 T4 K4 F6 R7 N6 **Waldbindung:** M1.1 M2.1 M1.1 M1.1 **Ökologische Artengruppe:** III.5b

**Verbreitung:** in der nördlichen Hemisphäre, subozeanisch-submediterran. Im Gebiet vom Tiefland bis etwa 1000 m Höhe.

**Gefährdung:** Rote Liste Deutschland: *.

Thuidiaceae
Thujamoose

# *Thuidium tamariscinum* (Hedw.) Schimp.

*Thuidium tamariscifolium* Lindb., *Hypnum tamariscinum* Hedw.
Tamarisken-Thujamoos, Tamariskenmoos,
Tamariskenblättriges Thujamoos
engl. Common Tamarisk-moss

1 *lockerer Filz*
2 *Stämmchen trocken, dichter Paraphyllienfilz (s. Pfeile)*
3 *Stammblätter mit 4 Längsfalten (s. Pfeile)*
4 *Abschnitte mit Rhizoiden markieren Jahresgrenze (s. Pfeile)*

***Name:*** *thuja* = Lebensbaum, *-idium* = verkleinerndes Suffix, wegen der Ähnlichkeit mit Thujazweigen; *tamariscinum* = tamariskenartig.

***Lebensform:*** oft in ausgedehnten, $m^2$-großen Filzen, matt frisch- bis dunkelgrün.

### *Erkennungsmerkmale*

- Stämmchen 5–15 (–20, selten) cm lang, Rinde wie die restliche Pflanze gefärbt, bogig auf- und absteigend, in Abständen mit Rhizoiden am Substrat festhaftend, regelmäßig 3fach gefiedert, die Seitenäste in einer Ebene angeordnet, dicht filzig durch zahlreiche verzweigte Paraphyllien, Blättchen spiralig angeordnet; Stammblätter aus breitem 3eckigen Grund in eine schmale, lanzettliche Spitze zusammengezogen, 0,5–1,5 mm lang, 4 deutliche Längsfalten, Rippe kräftig, kurz vor die Spitze endend, ganzrandig, nur an der Spitze gezähnt; Astblättchen eiförmig, schmaler und kürzer, ca. 0,5 mm lang, Blattrand fein gesägt, Ende der Blättchen 1spitzig.
- Geschlechtsverteilung: zweihäusig.
- Sporenkapseln und Sporenreife: selten; Winter bis Frühling. Kapselstiel 3–4 cm lang, dunkelrot, glatt; Kapsel geneigt, zylindrisch, gebogen; Deckel lang geschnäbelt.

***Ähnliche Arten:*** *Hylocomium splendens* (braunrotes Stämmchen, Stammblätter mit Doppelrippe bis zur Mitte, trocken glänzend), andere *Thuidium*-Arten sind gewöhnlich nicht 3fach gefiedert, *T. philibertii* syn. *T. assimile* Haarspitzen-Thujamoos (Stämmchenblätter sehr lang, in einem 3- bis mehrzelligen Haar endend, kalkliebend, meist in Wiesen), *T. recognitum* Echtes Thujamoos (überwiegend 2fach gefiedert, Blattrippe die Blattspitze ausfüllend, Ende der Astblätter 2spitzig, in Blockhalden, Gebirgsmoos, seltener).

***Ökologisches Verhalten und Lebensraum:*** an schattigen, feuchten, mäßig sauren, humosen, meist reicheren, aber oft kalkfreien Stellen. In Laub- und Mischwäldern. Wächst auch auf Gestein, Totholz und Rinde.

***Begleitarten:*** *Eurhynchium striatum, E. angustirete, Plagiochila asplenioides, Rhytidiadelphus triquetrus*, an quelligen, mehr sauren Stellen auch mit *Hylocomium splendens, Pleurozium schreberi, Trichocolea tomentella, Sphagnum*-Arten.

***Zeigerwerte:*** L4 T4 K4 F6 R4 N4 ***Waldbindung:*** M2.1 M2.1 M1.1 M1.1 ***Ökologische Artengruppe:*** II.3a

***Verbreitung:*** nahezu kosmopolitisch. Im Gebiet vom Tiefland bis über 2000 m.

***Gefährdung:*** Rote Liste Deutschland: *.

***Wissenswertes:*** Ähnlich wie beim Etagenmoos *(Hylocomium splendens)* kann das jährliche, in auf- und absteigenden Bögen stattfindende Wachstum als Anpassung an den Laubfall gedeutet werden. Die hinderliche Streuschicht kann so «überwachsen» werden. Die Jahressprosse haben einen ungefähr 3eckig-länglichen Umriss.

Sphagnaceae
(Sektion
Acutifolia)
Torfmoose

# *Sphagnum capillifolium* (Ehrh.) Hedw.

*Sphagnum nemoreum* Scop., *Sphagnum acutifolium* Ehrh. ex Schrad.
Spitzblättriges Torfmoos, Hain-Torfmoos
engl. Acute-leaved Bog-moss

1 *dichte Polster*
2 *halbkugelige Köpfchen, 2 abgespreizte Äste (s. Pfeile)*
3 *3eckige Stammblätter, Ränder etwas eingerollt, bis 1,8 mm (s. Pfeile)*
4 *Stämmchen, gabelig verzweigt*

***Name:*** *capillifolium* = haarblättrig; Erstbeschreibung bei Dillenius (1741).

***Lebensform:*** lockere bis dichte, rot-grün gescheckte Polster; in schattigen Lagen eher grünlich, an besonnten Stellen vermehrt rötliche Pflanzen.

***Erkennungsmerkmale***

- Stämmchen aufrecht, 5–15 cm lang, Sklerodermis grün oder rötlich; die zahlreichen Äste am Stammende bilden einen halbkugeligen Schopf, ein «pompon»-artiges Köpfchen, am Stamm in Büscheln zu 3–5, davon meist 2 abgespreizt; Stammblättchen 3eckig-zungenförmig, zugespitzt, flach oder etwas eingerollt, aufrecht, abstehend oder hängend, bis 1,8 mm lang; Astblätter dachziegelartig angeordnet bis schwach abstehend, eiförmig, Blattränder eingerollt, daher scharf zugespitzt, bis 1,5 mm lang.
- Geschlechtsverteilung: zweihäusig, gelegentlich einhäusig.
- Sporenkapseln und Sporenreife: häufig mit Kapseln; im Sommer.

***Ähnliche Arten:*** rötliche Arten aus der Sektion Acutifolia wie *S. quinquefarium* (3 abgespreizte Äste, Astblätter deutlich 5reihig angeordnet, Waldart, boreo-montan), *S. rubellum* (zarte Hochmoorart, meist charakteristisch einheitlich rot gefärbt, Stammblätter breit zungenförmig), *S. russowii* (Pflanzen größer, längere Äste, flacheres Köpfchen).

2

**Ökologisches Verhalten und Lebensraum:** weite ökologische Amplitude, auf sauren Böden in trockenen Kiefernwäldern, nasse Stellen der Heiden, feuchte bis nasse Stellen in Wäldern bis zu schattigen Stellen an Moorrändern und in Hochmooren. Neben Waldboden kann die Art auch Gestein und Totholz besiedeln.

3

**Begleitarten:** *S. girgensohnii, S. russowii, S. magellanicum, S. angustifolium, Bazzania trilobata, Plagiothecium undulatum, Rhytidiadelphus loreus, Pleurozium schreberi*.

**Zeigerwerte:** L T3 K5 F7 R2 N1 **Waldbindung:** M2.1 M2.1 M2.1 M2.1 **Ökologische Artengruppe:** V.1–2

**Verbreitung:** gemäßigte und boreale Zonen, in Europa vorwiegend atlantisch, subatlantisch bis mediterran; in Deutschland weit verbreitet und häufig, von der Ebene bis zur Baumgrenze, bis über 2500 m.

**Gefährdung:** Rote Liste Deutschland: *.

**Wissenswertes:** Das Hain-Torfmoos ist ein torfbildendes Moos. Es kann in annähernd gleichem Umfang wie *S. magellanicum* Wasser speichern (bis zum 24fachen des Trockengewichts). Beide Arten sind in dieser Hinsicht 10mal effektiver als *S. fallax* (Dierssen und Dierssen 2008).

4

Sphagnaceae
(Sektion Cuspidata)
Torfmoose

# *Sphagnum cuspidatum* Ehrh. ex Hoffm.

*Sphagnum viride* Flatberg
Spieß-Torfmoos, Spießblättriges Torfmoos
engl. Feathery Bog-moss

1 *flutende Pflanzen*
2 *untergetauchte Pflanzen mit federartigem Habitus*
3 *Stammblätter 3eckig, bis 2 mm lang (s. Pfeile)*
4 *abstehende und hängende Äste nicht deutlich differenziert*

***Name:*** *cuspidatum* = zugespitzt; das typische «durchnässte» Aussehen spiegelt sich in den gebräuchlichen Namen «drowned kittens» in Kanada (Pope 2016) und «chat mouillé» in Frankreich (Hugonnot et al. 2017) wider.

***Lebensform:*** sehr lockere, weiche Filze, oft flutend oder untergetaucht, zart und schwachstämmig, schlaff, gelblich bis blassgrün.

***Erkennungsmerkmale***

- Stämmchen aufsteigend, 5–10 (–15) cm lang, bei untergetauchten Pflanzen oft länger, Sklerodermis grün; Äste in Büscheln zu 3–5 (–6), schlaff, weich, bei flutenden Formen federartig und nicht deutlich in abstehende und hängende Äste differenziert, an wechselfeuchten Standorten Formen mit 2 abstehenden und 2 hängenden Ästen; Stammblätter länglich gleichschenklig-3eckig, bis 2 mm lang, abstehend oder hängend; Astblätter schmal lanzettlich, 1,5–5,5 mm lang, hohl, dabei an der Basis der Äste 3mal länger als breit, zum Astende hin länger und gebogen, dann bis zu 10mal länger als breit und oft weit herab röhrenartig eingerollt.
- Geschlechtsverteilung: zweihäusig.
- Sporenkapseln und Sporenreife: häufig mit Kapseln; im Sommer.

***Ähnliche Arten:*** bei nicht untergetauchten Formen Verwechslungen mit *S. fallax* möglich (Stammblätter ± gleichseitig-3eckig, mit scharfer Spitze, ungefähr gleich lang wie breit, ca. 1 mm x 1 mm).

***Ökologisches Verhalten und Lebensraum:*** Hochmoorart an nassen, selten austrocknenden Stellen und Schlenken in nährstoffarmen, sauren bis stark sauren Mooren, in Gräben und alten Torfstichen.

***Begleitarten:*** *S. fallax, S. riparium, S. magellanicum, S. rubellum, Carex limosa, Scheuchzeria palustris.*

***Zeigerwerte:*** L9 T3 K6 F8 R1 N2 ***Waldbindung:*** M2.2 M2.2 O M2.2 ***Ökologische Artengruppe:*** VI.1

***Verbreitung:*** fast kosmopolitisch, circumboreal in der Nordhemisphäre, in Südost-Asien und in Südamerika, in Europa am häufigsten in ozeanischen Gebieten, von der Ebene bis in 1400 m Höhe. In Deutschland Hauptverbreitungsgebiete in den ehemaligen Moorgebieten im Norden, den Mooren der Kammlagen der Mittelgebirge sowie den Mooren am Alpenrand. In den übrigen Gebieten sehr selten an Sonderstandorten.

***Gefährdung:*** Rote Liste Deutschland: *. Außerhalb von nassen Moorbereichen und sich regenerierenden Torfmooren hat die Art nur noch in Naturschutzgebieten Überlebenschancen. Entwässerung gefährdet den Hauptlebensraum.

***Wissenswertes:*** Bei der Renaturierung von Hochmooren besiedelt *S. cuspidatum* als erste Torfmoos-Art die wieder vernässten Flächen und breitet sich rasch aus. Die Art wird in einem späteren Stadium der Sukzession von *S. fallax* verdrängt. Torfmoose können zu diesem Zweck aktiv eingebracht werden.

1

Sphagnaceae
(Sektion
Cuspidata)
Torfmoose

# *Sphagnum fallax* (H. Klinggr.) H. Klinggr.

*Sphagnum recurvum* subsp. *mucronatum* Russow,
*Sphagnum brevifolium* (Lindb. ex Braithw.) Warnst.,
*Sphagnum recurvum* var. *brevifolium* (Lindb. ex Braithw.) Warnst.
Trügerisches Torfmoos, Täuschendes Torfmoos,
Gekrümmtblättriges Torfmoos, Gekrümmtes Torfmoos
engl. Flat-topped Bog-moss

1 *Rasen in Hochmoorschlenke zwischen Wollgras*

2 *Astblätter 5reihig angeordnet (s. Pfeil)*

3 *trockene, verbogene Astblätter*

4 *Stämmchen, gabelig verzweigt*

5 *3eckige, zugespitzte Stammblätter, etwa 1 mm lang (s. Pfeile)*

***Name:*** *fallax* = trügerisch, da leicht mit anderen Arten zu verwechseln; Erstbeschreibung durch H. von Klinggraef 1872.

***Lebensform:*** Rasen locker, hellgrün, olivgrün, gelb- oder hellbraun.

***Erkennungsmerkmale***

- Stämmchen aufrecht, 5–20 cm lang, Sklerodermis grünlich gelb; endständige Äste ungleich lang, randliche Äste deutlich länger, meist spitz zulaufend, in Büscheln zu 2–4, davon 2 abgespreizt; Stammblätter aus breitem Grund gleichseitig bis kurz gleichschenklig-3eckig, etwa 1 mm lang, die Ränder eingerollt und daher «stachelspitzig» erscheinend, anliegend bis abstehend; Astblätter länglich-lanzettlich, 1,5–2 (–3) mm lang, durch den eingerollten Blattrand scharf zugespitzt erscheinend, häufig ± deutlich 5reihig angeordnet, trockene Astblätter wellig und auffällig zurückgebogen. Pflanzen vielgestaltig.
- Geschlechtsverteilung: zweihäusig.
- Sporenkapseln und Sporenreife: gelegentlich bis häufig; Sommer bis Herbst.

***Ähnliche Arten:*** die anderen Arten des Aggregats *S. recurvum* aggr. (*S. angustifolium*, *S. flexuosum* und je nach Autor *S. balticum*), von denen *S. fallax* jedoch die häufigste ist; *S. pulchrum* (Äste deutlich 5reihig beblättert, diese aber deutlich stumpfer); untergetauchte Formen können mit *S. cuspidatum* verwechselt werden (Stammblätter länglich-3eckig).

Die kurzen und scharf zugespitzten Stammblätter und die beim Austrocknen charakteristisch verbogenen Astblätter unterscheiden die Art von den anderen der Sektion Cuspidata.

***Ökologisches Verhalten und Lebensraum:*** weite standörtliche Amplitude, in sauren Zwischen- und Hochmooren, Hochmoorrändern, Waldsümpfen, in Bruchwäldern, an Seeufern und mäßig nass bis nassen Standorten.

***Begleitarten:*** *Polytrichum commune, Sphagnum angustifolium, S. fimbriatum, S. magellanicum, S. girgensohnii, S. palustre, S. riparium.*

***Zeigerwerte:*** L7 T3 K6 F7 R2 N3 ***Waldbindung:*** M2.1 M2.1 M2.2 M2.1 ***Ökologische Artengruppe:*** VI.2

***Verbreitung:*** circumpolar mit subozeanischer Tendenz. In Europa sehr häufig, Tiefland bis etwa 1800 m. Häufiges Torfmoos, in allen geeigneten Gebieten vorhanden.

***Gefährdung:*** Rote Liste Deutschland: *. Die Art ist ausbreitungsfreudig und gegenwärtig ungefährdet.

***Wissenswertes:*** Diese Torfmoosart zählt vermutlich zu den Gewinnern in Bezug auf die Auswirkungen allgemeiner Eutrophierung. Stickstoffeinträge werden in verstärktes Wachstum umgesetzt und verschaffen ihr einen Konkurrenzvorteil gegenüber anderen Hochmoor-Torfmoosen wie *S. magellanicum* (Dierssen und Dierssen 2008).

Sphagnaceae (Sektion Acutifolia) Torfmoose

1 *Rasen*
2 *Stammblätter (s. weiße Pfeile) bilden «Halskrause» (Stämmchen quer, s. roter Pfeil)*
3 *Stammblätter unterhalb des Köpfchens (s. Pfeile)*
4 *Stämmchen unverzweigt*

# *Sphagnum fimbriatum* Wilson

Gefranstes Torfmoos
engl. Fringed Bog-moss

***Name:*** *fimbriatum* = mit Fransen, wegen der charakteristischen Ausprägung der Stammblättchen.

***Lebensform:*** Rasen locker, bläulich grün.

***Erkennungsmerkmale***

- Stämmchen bis 20 cm lang, Pflanzen zierlich, Sklerodermis grün; Äste in Büscheln zu 3–4, davon 2–3 abgespreizt; Stammblätter spatelförmig, Ränder über die breite Spitze bis hinunter an den Seiten fransig aufgelöst, daher oft breiter als lang (vgl. *S. girgensohnii*), nach Abtrennen des Köpfchens als deutliche, steife «Halskrause» sichtbar, bis ca. 1,5 mm lang, aufrecht; Astblätter oval, an der Blattspitze eingerollt, bis 2 mm lang.
- Geschlechtsverteilung: einhäusig.
- Sporenkapseln und Sporenreife: oft mit Kapseln; im Sommer.

***Ähnliche Arten:*** einem schmächtigen *S. girgensohnii* ähnlich, aber durch die charakteristischen Stammblätter kaum verwechselbar! *S. lindbergii* (ähnliche Stammblätter, diese aber hängend, die ganze Pflanze ist orange-bräunlich).

***Ökologisches Verhalten und Lebensraum:*** schattentolerante Art, an feuchten und sauren Standorten; in Waldmooren und Erlenbruchwäldern, in Niedermooren, feuchten Wäldern, an Waldquellen, nicht in Hochmooren. Besiedelt auch rasch geeignete Sekundärstandorte wie alte Sand- und Kiesgruben.

**Begleitarten:** *S. palustre*, *S. fallax*, *S. squarrosum*, *S. teres*, *S. angustifolium*, oft zusammen mit Seggen- und Binsen-Arten.

**Zeigerwerte:** L5 T3 K6 F7 R2 N3 **Waldbindung:** M2.1 M2.1 M2.1 M2.1 **Ökologische Artengruppe:** (IV.1-2)

**Verbreitung:** in Eurasien, Nord- und Südamerika, Südafrika und Neuseeland. In Deutschland hauptsächlich in der Ebene und im Hügelland, besonders im Norden. In den letzen Jahren auch in den Bergländern im Süden zunehmend auffindbar.

**Gefährdung:** Rote Liste Deutschland: *.

Sphagnaceae (Sektion Acutifolia) Torfmoose

# *Sphagnum girgensohnii* Russow

*Sphagnum strictum* Lindb.
Girgensohns Torfmoos, Gebirgs-Torfmoos, Bergwald-Torfmoos
engl. Girgensohn's Bog-moss

1 *Rasen mit Begleiter Siebenstern (Trientalis europaea)*
2 *Seitenansicht Köpfchen*
3 *Stammblätter zungenförmig, bis 1,3 mm lang (s. Pfeile)*
4 *Stammblätter (s. weiße Pfeile), Köpfchen abgetrennt (Stämmchen quer, s. roter Pfeil)*
5 *Stämmchen, gabelig verzweigt*

***Name:*** Edmund Russow (1841–1897) benannte *S. girgensohnii* nach Gustav Karl Girgensohn (1786–1872), beide deutsch-baltische Bryologen aus Estland (Frahm und Eggers 2001).

***Lebensform:*** lockere, hohe, oft ausgedehnte Rasen von bläulich grüner, graugrüner bis grün-bräunlicher Farbe.

***Erkennungsmerkmale***

- Stämmchen bis 25 cm lang (eines der größten einheimischen Torfmoose), lang- und dünnästig, Sklerodermis grün oder ocker; Äste im Köpfchen deutlich 5strahlig sternförmig angeordnet, Äste lang und dünn, in Büscheln zu 3–4, davon meist 2 abgespreizt; Stammblätter zungen- bis spatelförmig, an der Basis und an der Spitze gleich breit, bis 1,3 mm lang, aufrecht und anliegend, am oberen Rand gefranst, nicht zugespitzt, nicht abgerundet, in der Mitte der Blattbasis deutlicher 3eckiger, siebartiger Bereich mit vergrößerten und aufgelösten Zellen, die Ecken häufig bräunlich pigmentiert (Lupe 20x!); Astblätter eiförmig-lanzettlich, Blattränder im Spitzenbereich eingerollt, bis 1,5 mm lang.
- Geschlechtsverteilung: zweihäusig.
- Sporenkapseln und Sporenreife: Kapseln selten; im Sommer.

***Ähnliche Arten:*** *S. fimbriatum* (Pflanzen meist zarter, Stammblättchen an der Spitze breiter als an der Basis, sowohl an der Spitze als auch an den Seiten gefranst, nach Abtrennen des Köpfchens sind sie als unverwechselbare «Halskrause» sichtbar, Tieflandart), *S. fallax* (Astblätter oft 5reihig angeordnet, Stammblätter deutlich 3eckig), grüne Formen von *S. russowii* (Köpfchen nicht 5strahlig).

2

**Ökologisches Verhalten und Lebensraum:** montane Art schattiger bis dunkler Fichtenwälder und -forsten, auf feuchten Böden, stark saurem Humus, auch an luftfeuchten Stellen von Nordhängen und Bachtälern. Die Art besiedelt auch Gesteine und Totholz.

**Begleitarten:** *S. russowii*, *S. capillifolium*, *S. squarrosum*, *S. angustifolium*, *S. fallax* und *S. palustre*.

**Zeigerwerte:** L4 T2 K6 F7 R1 N2 **Waldbindung:** M1.1 M2.1 M1.1 M1.1 **Ökologische Artengruppe:** III.1

**Verbreitung:** boreo-montane Art, weit verbreitet auf der Nordhalbkugel. In Deutschland im norddeutschen Tiefland selten, in den Alpen bis über 2000 m Höhe.

**Gefährdung:** Rote Liste Deutschland: *. *S. girgensohnii* ist in der Mitte und im Süden häufig und ungefährdet. Im Flachland tritt die Art meist sekundär in Fichtenforsten auf.

3

4

**Wissenswertes:** Das Gebirgs-Torfmoos ist eines der häufigsten Moose in Nordskandinavien. In den Alpen steigt es bis über 2000 m Höhe. Wuchsorte oberhalb der Waldgrenze werden als Reliktvorkommen ehemaliger Bewaldung angesehen. Unterhalb der montanen Stufen wird die Art durch das Gefranste Torfmoos *(S. fimbriatum)* abgelöst.

5

Sphagnaceae (Sektion Sphagnum) Torfmoose

# *Sphagnum magellanicum* Brid.

*Sphagnum medium* Limpr.
Magellans Torfmoos, Mittleres Torfmoos
engl. Magellanic Bog-moss

1 *schwammige Polster*
2 *Stämmchen mit kurzen, gedrungenen Ästen*
3 *Stammblätter bis 1,8 mm (s. Pfeile)*
4 *Köpfchen, Aufsicht*
5 *Stammblätter (s. weiße Pfeile), Köpfchen abgetrennt (Stämmchen quer, s. roter Pfeil)*

***Name:*** *magellanicum*, weil das Typusexemplar für diese Art in der Magellanstrasse aufgesammelt wurde (Pope 2016).

***Lebensform:*** Polster dicht, schwammig, weich, meist weinrot überlaufen, selten und nur im Frühjahr oder im Schatten rein grün.

***Erkennungsmerkmale***

- Stämmchen kräftig, aufrecht 5–20 (–35) cm lang, Sklerodermis rötlich bis schwärzlich; endständige Äste meist ziemlich kurz und gedrungen, in Büscheln zu 3–5, davon 2 abgespreizt; Stammblätter flach, aufrecht bis abstehend, ± rechteckig, bis 1,8 mm lang; Astblätter bis 2 mm lang, breit eiförmig, abgerundet zugespitzt, an der Spitze kahnförmig, kapuzenförmig, etwa doppelt so lang wie breit.
- Geschlechtsverteilung: zweihäusig.
- Sporenkapseln und Sporenreife: im Sommer; selten.

***Ähnliche Arten:*** durch die rötliche Färbung (einzige Art in dieser Sektion) und die kapuzenförmigen Astblätter leicht erkennbar. Grüne Formen können mit *S. palustre* verwechselt werden, eine Unterscheidung ist dann nur mikroskopisch möglich (anhand von Blattquerschnitten kann man erkennen, dass bei *S. magellanicum* die elliptischen Grünzellen (Chlorozyten) von den Hyalozyten vollkommen eingeschlossen werden, dagegen sind bei *S. palustre* die keilförmigen Chlorozyten auf der konkaven Blattseite stets freiliegend, auf der konvexen Seite eingeschlossen oder freiliegend).

**Ökologisches Verhalten und Lebensraum:** Hochmoor-Bultmoos in nährstoffarmen und sauren Mooren, in stark sauren Quell- und Niedermooren und Moorwäldern. Charakterart der nach ihr benannten Hochmoore (Sphagnetalia magellanici), Hochmoor-Pflanzengesellschaften.

**Begleitarten:** andere Torfmoosarten wie *S. russowii*, *S. rubellum*, *S. fuscum*, *S. capillifolium*, *S. papillosum*, *S. tenellum* und *Aulacomnium palustre*.

**Zeigerwerte:** L9 T3 K6 F6 R1 N1 **Waldbindung:** M2.2 M2.2 M2.2 M2.2
**Ökologische Artengruppe:** VI.1

**Verbreitung:** circumpolar in beiden Hemisphären, boreal bis subtropisch, Ebene bis Hochgebirge, fast in ganz Europa verbreitet. In Deutschland Hochmoorstandorte in Norddeutschland in allen einigermaßen intakten Moorgebieten, in Mittel- und Süddeutschland in den höheren Mittelgebirgen in regenreichen Lagen.

**Gefährdung:** Rote Liste Deutschland: 3. Hochmoore werden seit langer Zeit zur Torfgewinnung abgebaut, entwässert und abgetorfte Flächen in andere Nutzungsformen überführt. Die Moorflora wurde dadurch drastisch reduziert, viele einst häufige Arten sind heute vom Aussterben bedroht.

**Wissenswertes:** *S. magellanicum* ist das Hauptmoos der Hochmoore, es wächst fast nur auf Moorbulten. Es zählt zu den wichtigsten torfbildenden Arten. Hohe atmosphärische Einträge von Stickstoffverbindungen fördern Arten wie *S. fallax* und schwächen die Konkurrenzkraft von *S. magellanicum* (Dierssen und Dierssen 2008). Innerhalb der Sektion Sphagnum ist *S. magellanicum* die einzige rötlich überlaufene bis ganz purpurrote Art. Die charakteristische rötliche Färbung wird durch Sphagnorubine in den Zellwänden verursacht. Diese sind verwandt mit den wasserlöslichen Anthocyanen, die für die rote, violette oder blaue Färbung vieler Blüten und Früchte der Samenpflanzen verantwortlich sind. Im Jahr 2016 wurde die Art zum «Moos des Jahres» ausgewählt.

2

3

4

5

1

Sphagnaceae
(Sektion Sphagnum)
Torfmoose

# *Sphagnum palustre* L.

*Sphagnum cymbifolium* Hedw.
Sumpf-Torfmoos, Gewöhnliches Torfmoos, Kahnblättriges Torfmoos
engl. Blunt-leaved Bog-moss

1 *Rasen, Aufsicht*
2 *Stammblätter (s. Pfeile)*
3 *Stammblätter (s. weiße Pfeile) bilden «Halskrause» (Köpfchen abgetrennt), Stammquerschnitt s. roter Pfeil*
4 *Stämmchen, ca. 20 cm lang*

***Name:*** *palustre* = im Sumpf lebend (bei Hedwig: *cymbifolium* = kahnblättrig, wegen der charakteristisch kapuzenförmigen Ausbildung der Astblätter).

***Lebensform:*** Rasen ausgedehnt, hellgrün bis grün, Astspitzen öfter blass fleischfarben, grünlich, gelblich grün oder bräunlich, selten rötlich braun überlaufen (Herbst und Winter), gelegentlich sind die Köpfchen auffallend stärker pigmentiert als die randständigen Äste.

***Erkennungsmerkmale***

- Stämmchen bis 25 cm lang, Pflanzen kräftig, mit grau abblätternder Rinde, Sklerodermis gelblich, grün oder braun; Köpfchen bisweilen stärker pigmentiert als die randständigen, bis 2 cm langen Äste, diese gedunsen beblättert, die jüngsten oft fichtenzapfenförmig, in Büscheln zu 3–6, davon 2–3 abgespreizt; Stammblätter oval bis rechteckig, bis 1,4 mm lang, am abgerundeten Ende gefranst, aufrecht bis abstehend; Astblätter breit eiförmig, Spitze kapuzenförmig zusammengezogen, etwa gleich lang wie die Stammblätter.
- Geschlechtsverteilung: zweihäusig.
- Sporenkapseln und Sporenreife: gelegentlich bis häufig; im Sommer.

2

3

***Ähnliche Arten:*** vorwiegend in Mooren und weniger häufig. Grünliche Pflanzen von *S. magellanicum* (nur mikroskopisch abgrenzbar, Details s. dort, Hochmoorart), *S. papillosum* (meist braune bis ± grünbraune Pflanzen, Hochmoorart; nur mikroskopisch anhand von Querschnitten durch die Astblätter abgrenzbar, in der Kontaktzone zwischen Chlorozyten und Hyalozyten befinden sich charakteristische Papillen, d.h. Auswüchse – vgl. Name!).

***Ökologisches Verhalten und Lebensraum:*** schattentoleranteste Art der Sektion Sphagnum, auf nicht zu nährstoffarmen Standorten. In feuchten Wäldern an Bächen und nassen Wegböschungen, besonders in Nadelforsten, in Nasswiesen zwischen Pfeifengras und Schilf, in Niedermooren, Quellmooren, Bruchwäldern, fehlt in Hochmooren.

***Begleitarten:*** *S. squarrosum, S. capillifolium, S. fimbriatum, S. subnitens, S. inundatum, S. girgensohnii.*

***Zeigerwerte:*** L6 T4 K6 F6 R2 N2 ***Waldbindung:*** M2.1 M2.1 M2.1 M2.1
***Ökologische Artengruppe:*** V.1-2

***Verbreitung:*** in Europa nur im extremen Norden und Osten fehlend. In Deutschland verbreitet und vergleichsweise häufig.

***Gefährdung:*** Rote Liste Deutschland: *. Eine der häufigsten Torfmoosarten. An allen, überhaupt zur Ansiedlung von Torfmoosen geeigneten Stellen.

***Wissenswertes:*** Das Sumpf-Torfmoos ist von allen europäischen Arten der Sektion Sphagnum die am wenigsten an Moore gebundene Art. Sie ist meist die häufigste Art und fast weltweit verbreitet.

4

Sphagnaceae
(Sektion
Squarrosa)
Torfmoose

1 *Rasen*
2 *Aufsicht*
3 *Köpfchen mit Sporenkapseln*
4 *Stämmchen, gabelig verzweigt*
5 *Stamm- (s. weißer Pfeil) und Astblätter (s. roter Pfeil)*

# *Sphagnum squarrosum* Crome

Sparriges Torfmoos
engl. Spiky Bog-moss

***Name:*** *squarrosum* = sparrig, wegen der zurückgebogenen Astblätter.

***Lebensform:*** lockere, hohe Rasen, saftig- bis gelblich grün (meist zum Herbst hin strohgelb bis gelblich-bräunlich).

***Erkennungsmerkmale***

- Stämmchen bis 25 cm hoch, sehr kräftig, Sklerodermis grün bis hellbraun; Äste in Büscheln zu 4–6, davon 2–3 abgespreizt; Stammblätter zungenförmig, am abgerundeten Ende gefranst, aufrecht, abstehend oder hängend, bis 2 mm lang; Astblätter 2–3 mm lang, aus kreisförmigem Grund plötzlich in eine rechtwinklig abgebogene Spitze verjüngt.
- Geschlechtsverteilung: einhäusig, daher öfter mit Sporenkapseln.
- Sporenkapseln und Sporenreife: oft mit Kapseln; im Sommer.

***Ähnliche Arten:*** mit freiem Auge die am leichtesten kenntliche Art der Gattung! *S. teres* (kleiner, zierlicher, gelblich braun, Blattspitzen allmählich zusammengezogen, nicht häufig).

***Ökologisches Verhalten und Lebensraum:*** an meist schattigen, basenreichen Standorten, in den Mittelgebirgen vor allem an Waldbächen, in Hangquellmooren, an quelligen Waldstellen, in sumpfigen Wäldern, Erlenbrüchern, in Mooren, unter Gebüsch.

2

3

**Begleitarten:** *S. palustre, S. fallax, S. fimbriatum, S. girgensohnii, Brachythecium rivulare, Trichocolea tomentella, Hookeria lucens* und *Rhizomnium*-Arten.

**Zeigerwerte:** L5 Tx K5 F7 R3 N3 **Waldbindung:** M2.1 M2.1 M1.1 M1.1 **Ökologische Artengruppe:** (VI.3-5)

**Verbreitung:** nördliche Hemisphäre; in ganz Deutschland verbreitet, vom Flachland bis zur Baumgrenze. In Trockengebieten, Kalkgebieten und dicht besiedelten Gegenden fehlend oder selten.

**Gefährdung:** Rote Liste Deutschland: *. Durch Eingriffe in den Wasserhaushalt, Trockenlegung gefährdet.

4

5

1

Conocephalaceae
Kegelkopfmoose

# *Conocephalum conicum* (L.) Dumort.

*Fegatella conica* (L.) Corda, *Marchantia conica* L.
Echtes Kegelkopf-Lebermoos, Echtes Lebermoos
engl. Great Scented Liverwort

1 *Thallus mit vielen Lappen*
2 *Unterseite mit Rhizoiden und Bauchschuppen (s. Pfeile)*
3 *Oberseite mit Felderung und Poren*
4 *Bauchschuppen mit nierenförmigen Anhängseln*

***Name:*** *conus* = Kegel, *cephal* = Kopf, daher Kegelkopf, wegen der stumpfkegeligen, glockenförmigen Träger der Archegonien; *Fegatella* bei Corda (1829) von ital. *fegate* = Leber, wegen der leberförmigen Thalluslappen.

***Lebensform:*** Thallus fleischig, nicht selten mehrere $dm^2$-große Decken, glänzend grün.

***Erkennungsmerkmale***

- Thallus bandförmig, 5–15 (–24) cm lang, 1–2 cm breit, ohne Mittelstreifen, gabelig geteilt; Thallusoberseite saftig grün, glänzend, 6eckig gefeldert, Poren der Atemöffnungen werden als helle Punkte im Zentrum der Felder wahrgenommen und sind auffälliger als die Linien der Felderung; Thallusunterseite mit Rhizoidenfilz entlang der Mittelrippe, Bauchschuppen wasserhell oder rosa mit nierenförmigen Spitzenanhängseln. Keine Brutbecher, auffallend süßlich terpentinartiger Geruch.
- Geschlechtsverteilung: zweihäusig.
- Antheridienstände ca. 5 mm breit, dick scheibenförmig, dunkel gefärbt, der Thallusspitze aufsitzend, selten. Glockige, gestielte Träger mit Archegonien 3–5 mm hoch, stumpf kegelförmig, erst aufsitzend, zur Reifezeit auf langen, durchscheinenden Trägern emporgehoben.
- Sporenkapseln und Sporenreife: gelegentlich; Winter bis Frühjahr.

***Ähnliche Arten:*** durch den Geruch und fehlende Brutbecher von allen ähnlichen Arten unterschieden. *C. salebrosum* (Thallus matt, Linien der Felder auffälliger als die Poren). Ähnlich große Thalli kommen bei *Lunularia cruciata* und *Marchantia polymorpha* vor, diese aber mit Brutbechern.

***Ökologisches Verhalten und Lebensraum:*** an schattigen, luft- und bodenfeuchten, auch zeitweise überfluteten Stellen auf kalk- oder basenreichem Untergrund, auf lehmigem Boden, besonders in Ufernähe von Waldbächen, auf dauerfeuchter Erde, in Schluchtwäldern, auf feuchten und meist kalkreichen Felsen, auch an eutrophierten Stellen, häufig Massenbestände entlang eingefasster Bachränder. Wächst auch auf Gestein.

***Begleitarten:*** *Brachythecium rivulare, Cratoneuron filicinum, Plagiomnium undulatum, Mnium stellare, Rhizomnium punctatum, Mnium marginatum, Oxyrrhynchium hians.*

***Zeigerwerte:*** L7 T3 K6 F7 R7 N-NA ***Waldbindung:*** M2.1 M2.1 M2.1 M2.1
***Ökologische Artengruppe:*** V.4-5

***Verbreitung:*** circumpolar auf der Nordhalbkugel. In Europa ist es weit verbreitet und häufig, von der Ebene bis in die subalpine Stufe.

***Gefährdung:*** Rote Liste Deutschland: *.

***Wissenswertes:*** Unter dem Namen «Hepatica» ist das Moos von Pier Antonio Micheli (1679–1737), einem italienischen Botaniker, bereits 1729 beschrieben worden. Carl von Linné hat dann in seinem Werk «Spezies plantarum» (1753) der ganzen Klasse den Namen Hepaticae, d.h. Lebermoose, verliehen. Die Ähnlichkeit der Thalluslappen mit menschlichen Leberlappen führte im Mittelalter dazu, dass das Moos entsprechend der Signaturenlehre (Paracelsus) als Heilmittel bei Leberleiden eingesetzt wurde.

1

Pelliaceae
Becken-
Lebermoose

# *Pellia endiviifolia* (Dicks.) Dumort.

*Jungermannia endiviifolia* Dicks.
Endivienblättriges Beckenmoos, Kelch-Beckenmoos, Salatmoos
engl. Endive Pellia

1 *Überzug aus gelappten Thalli*
2 *einzelner Thallus*
3 *Thallusrandzellen quadratisch bis kurz rechteckig*

***Name:*** Der Gattungsname wurde vom italienischen Botaniker Giuseppe Raddi (1770–1829) eingeführt, zu Ehren von Leopoldo Pelli-Fabbroni, dem Sohn seines Freundes Giovanni Fabbroni, einem Advokaten aus Florenz; *endiviifolia* = salatblättrig, wegen der krausen Form der Thalli.

***Lebensform:*** Thallus fleischig, mit wellig-krausen Rändern, in gelb- bis dunkelgrünen Decken.

***Erkennungsmerkmale***

- Thallus etwa 4–5 cm lang, bis 10 mm breit, mit oft dunkler gefärbter Mittelrippe, gabelig geteilt, Ränder wellig-kraus, Thallusrand dünn und durchsichtig; Thallusoberseite ungefeldert, frischgrün, aber kaum glänzend; Thallusunterseite mit nach unten vorgewölbter Mittelrippe mit zahlreichen Rhizoiden, Thallusspitzen auf der Unterseite mit mehrzelligen Schleimhaaren; Thallusrandzellen quadratisch bis kurz rechteckig, bis 0,8 mm lang (Lupe!); im Herbst werden oft aus dem Rand normaler Thalli zahlreiche, gabelige, schmale, 1–6 mm breite, geweihartige Brutäste an den Enden der Thalli gebildet.
- Geschlechtsverteilung: zweihäusig.
- Bei ♂ Pflanzen sind die Antheridien auf der Thallusoberseite eingesenkt. ♀ Pflanzen meist größer als die ♂, mit aufrechten, schlauchförmigen, bis 5 mm langen, der Thallusoberseite aufsitzenden Perichaetien, in denen die Kalyptra eingeschlossen bleibt.
- Sporenkapseln und Sporenreife: relativ selten; Winter bis Frühling. Kalyptra fleischig, überragt das Perichaetium nicht; stecknadelkopfgroße Kapseln rundlich, oliv-schwärzlich, mit 4 Klappen aufspringend, auf 5–10 cm langem, blassem, hyalinem Stiel.

*Ähnliche Arten:* im Herbst unverwechselbar! Habituell und ökologisch ähnlich: sterile Pflanzen von *Aneura pinguis* (Thallus mit Fettglanz, Thallusrand nicht durchsichtig, ohne Mittelrippe, Perichaetien randständig, Unterseite der Thallusspitze mit großen, einzelligen, keulenförmigen Schleimhaaren), *Pellia epiphylla* (ältere Thallusabschnitte violettbraun, kalkmeidend), *P. neesiana* (zweihäusig, Perichaetium in Form eines schiefen Kragens, selten, nur in Hochlagen ab 800 m häufiger).

*Ökologisches Verhalten und Lebensraum:* schattige, meist nasse, auch überspülte, kalkhaltige Mineralböden. An Kalktuff, quelligen Kalkstandorten in Laubwäldern, auf Waldwegen mit Kalkschotterung, an Graben- und Wegrändern, Kies- und Tongruben, Steinbrüchen und feuchten Ruderalstellen. Wächst auch auf Gestein.

*Begleitarten:* an Kalkquellen mit *Cratoneuron commutatum*, außerdem mit *Dicranella varia, Didymodon fallax, Aneura pinguis, Leiocolea badensis, Cratoneuron filicinum, Calliergonella cuspidata, Eucladium verticillatum, Bryum pseudotriquetrum.*

*Zeigerwerte:* L T4 K5 F8 R9 N4 *Waldbindung:* M2.1 M2.1 M2.1 M2.1
*Ökologische Artengruppe:* IV.4-5

*Verbreitung:* in Europa weit verbreitet. Durch das ganze Gebiet, von der Küste bis in die Alpen verbreitet, besonders in niederschlagsreicheren Gegenden oft häufig.

*Gefährdung:* Rote Liste Deutschland: *.

*Wissenswertes:* Die Art wird durch menschliche Aktivitäten wie Wegebau teilweise gefördert und kann sich daher ausbreiten. Der Inhaltsstoff Sacculatal ist für einen stechend scharfen Geschmack der Thalli verantwortlich und wird als Fraßschutz gedeutet. Für Fische ist er giftig (Asakawa 2013).

Pelliaceae
Becken-
Lebermoose

# *Pellia epiphylla* (L.) Corda

Gemeines Beckenmoos, Glasnudelmoos
engl. Overleaf Pellia

1 *Thallus mit Sporogonen zwischen Mnium hornum*

2 *stecknadelkopfgroße, schwarzbraune Kapseln auf glasigem Stiel*

3 *Perichaetium (s. rote Pfeile), von der Kalyptra (s. weißer Pfeil) weit überragt*

4 *Thallusoberseite mit Antheridien (Buckel, s. Pfeil)*

5 *Thallusunterseite mit Rhizoiden*

***Name:*** s. *P. endiviifolia*; *epiphylla* = auf dem Blatt, weil die Sporophyten auf dem Thallus stehen; Becken-Lebermoos wegen der flachmuldigen Oberseite des Thallus.

***Lebensform:*** Thallus fleischig, trübgrün, oft ausgedehnte Decken.

### *Erkennungsmerkmale*

- Thallus bandförmig, bis ca. 5 cm lang und bis 10 (–15) mm breit, mit ± deutlicher Mittelrippe, unregelmäßig gabelig zerteilt, mit flachen, durchscheinenden Rändern; Thallusoberseite ungefeldert, trübgrün, ältere Thallusabschnitte bisweilen rötlich violett überlaufen; Thallusunterseite mit nach unten vorgewölbter Mittelrippe und mit zahlreichen Rhizoiden; Thallusrandzellen gestreckt rechteckig bis über 0,1 mm groß (Lupe!). Niemals mit Brutästen!
- Geschlechtsverteilung: einhäusig.
- Thallusoberseite mit Antheridien, die hinter den Perichaetien und längs der Mittelrippe eingesenkt sind, wo sie erst grüne, später rote Buckel bilden. Perichaetium in Form einer horizontal gestellten Thalluschuppe, die später von der fleischigen Kalyptra überragt wird.
- Sporenkapseln und Sporenreife: häufig; Winter bis Frühjahr. Kalyptra fleischig; etwa stecknadelkopfgroße, kugelige Kapseln, schwarzbraun, mit 4 Klappen aufspringend, auf 5–10 cm langem, weißlich-durchsichtigem Stiel.

**Ähnliche Arten:** *P. endiviifolia* (auf quelligen Kalkstandorten, Sporophyten selten, Randzellen quadratisch), *P. neesiana* (zweihäusig, Perichaetium in Form eines schiefen Kragens, selten, nur in Hochlagen ab 800 m häufiger)

**Ökologisches Verhalten und Lebensraum:** auf schattigen bis halbschattigen, dauerfeuchten, lehmigen, sandig-lehmigen bis tonigen, humusarmen Unterlagen, kalkmeidend. An Böschungen von Waldwegen und Waldbächen. Wächst auch auf Gestein und Totholz.

**Begleitarten:** *Atrichum undulatum, Scapania nemorea, Diplophyllum albicans, Dicranella heteromalla* und *Mnium hornum.*

**Zeigerwerte:** L T4 K5 F8 R5 N4 **Waldbindung:** M2.1 M2.1 M2.1 M2.1 **Ökologische Artengruppe:** IV.2-3

**Verbreitung:** Nordhemisphäre, von der Ebene bis in mittlere Gebirgslagen.

**Gefährdung:** Rote Liste Dutschland: *. Durch menschliche Aktivitäten wie forstlicher Wegebau eher begünstigt.

**Wissenswertes:** Die glasklare, oft über 5 cm lange Seta kann im warmen Zimmer innerhalb einer Nacht aus der kragenförmigen Kalyptra heranwachsen und zur Reife gelangen.

Lepidoziaceae
Schuppenzweigmoose

# *Bazzania trilobata* (L.) Gray

*Mastigobryum trilobatum* (L.) N.v.E., *Jungermannia trilobata* L.
Dreilappiges Peitschenmoos
engl. Greater Whipwort

1 *Rasen*
2 *Seitenansicht*
3 *4zähnige Unterblatter (s. Pfeile)*
4 *Unterseite mit Flagellen (s. Pfeile)*
5 *Oberseite*

***Name:*** Die Gattung wurde von Pier Antonio Micheli (1679–1737) benannt, einem italienischen Botaniker, nach Matheus Bazzani, Anatomie-Professor an der Universität Bologna und Stifter für Michelis Werk «*Nova plantarum genera*» (1729); *trilobata* = 3lappig, wegen der 3zipfligen Flankenblätter; Peitschenmoos wegen der auf der Unterseite entspringenden, peitschenförmigen, nackten Stämmchen.

***Lebensform:*** dunkelgrüne, etwas glänzende Rasen.

***Erkennungsmerkmale***

- Stämmchen 3–5 (–20) cm lang und bis 0,5 cm breit, dem Substrat anliegend oder aufsteigend, unverzweigt oder gabelig verzweigt, 2zeilig beblättert, oberschlächtig; Flankenblätter, dicht dachziegelig angeordnet, 2–3 (–4) mm lang, 3lappig, im Umriss rechteckig an der Spitze mit 3 groben Zähnen, ohne Blattrippe, konvex dem Substrat zugewandt nach unten gewölbt; Unterblätter relativ groß und 4zähnig, breiter als lang, aus deren Achseln bis zu 5 cm lange Flagellenäste («Peitschen») mit reduzierten Blättern.
- Geschlechtsverteilung: zweihäusig.
- Hüllkelche langgestreckt, unten walzenförmig, oben 3kantig, bis 6 mm lang und 1 mm breit, an der Mündung gezähnt bis gewimpert.
- Sporenkapseln und Sporenreife: sehr selten; Sommer bis Herbst. Kapselstiel 1–3 cm lang; Kapsel aufrecht, länglich bis verkehrt eiförmig, schwarzbraun, 4klappig.

*Ähnliche Arten:* leicht zu erkennen – keine Verwechslung möglich! *B. tricrenata* (Blättchen nur 1–1,5 mm lang, im Umriss 3eckig, Gebirgsmoos), *Plagiochila asplenioides* (Blättchen unterschlächtig, abgerundet, Blattrand gezähnt).

*Ökologisches Verhalten und Lebensraum:* an schattig-feuchten Stellen auf kalkfreiem, nährstoffarmem Humus und Rohhumus, zumindest schwach saurer, feuchter bis nasser Waldböden. Nadelwaldmoos, typisches Waldbodenmoos. Wächst auch auf Gestein und Totholz.

*Begleitarten: Rhytidiadelphus loreus, Hylocomium splendens, Sphagnum girgensohnii*, auch in Gesellschaften saurer Erdraine.

*Zeigerwerte:* L5 T4 K6 F6 R2 N2 *Waldbindung:* M1.1 M1.1 M1.1 M1.1
*Ökologische Artengruppe:* III.1

*Verbreitung:* in Europa subozeanisch verbreitet. Im Gebiet in den Gebirgen Mittel- und Süddeutschlands, im Hügelland in nadelwaldreichen Sandsteingebieten nördlich bis zum Oberharz und ins Weserbergland, in Norddeutschland selten.

*Gefährdung:* Rote Liste Deutschland: *. Durch Nadelholzanbau wurde die Art eher gefördert.

*Wissenswertes:* Die Gattung zählt weltweit mehr als 100 Arten, davon aber nur 3 Arten in Europa. Das Hauptverbreitungsgebiet liegt in den Tropen. Das Peitschenmoos zählt zu den Moosen, die in Symbiose mit Pilzen leben und eine Mykorrhiza ausbilden (Nebel et al. 2004).

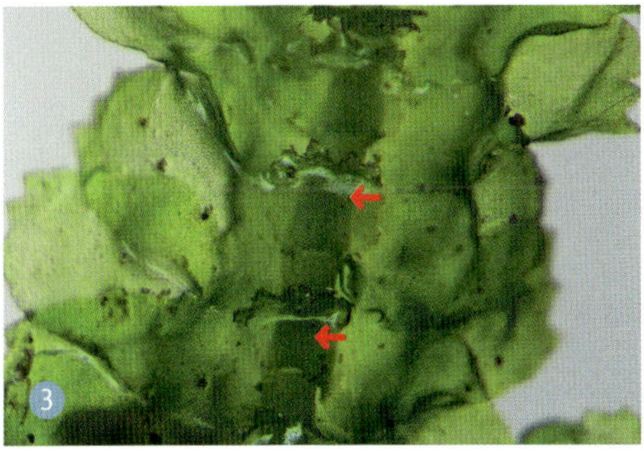

Lepidoziaceae
Schuppenzweig-moose

# *Lepidozia reptans* (L.) Dumort.

*Jungermannia reptans* L.
Kriechendes Schuppenzweig-Lebermoos, Kleines Schuppenzweigmoos
engl. Creeping Fingerwort

1 *Rasen*
2 *quadratisch bis rechteckige Flankenblätter 3–4lappig*
3 *Stämmchen regelmäßig gefiedert*
4 *Hüllkelch, ca. 3 mm lang (s. Pfeil)*
5 *Unterblätter 4teilig (s. Pfeile)*

***Name:*** *lepis* = Schuppe, *ozos* = Zweig, wegen der schuppenartig am Stämmchen anliegenden Blättchen; *reptans* = kriechend, schleichend, niederliegend; Fingerwort wegen der handförmig geteilten Blättchen.

***Lebensform:*** lockere bis dichte, flache Rasen, hellgrün.

***Erkennungsmerkmale***

- Stämmchen 1–2 (–3) cm lang, 1–2 (–3) mm breit, fast fadenförmig, niederliegend bis aufsteigend, regelmäßig 1fach bis doppelt gefiedert, Ästchen 2zeilig gestellt, Seitenäste ventral entspringend, gelegentlich an der Spitze flagelliform, Blättchen 2zeilig angeordnet, oberschlächtig; Flankenblätter locker bis dicht und fast längs gestellt, Umriss ± quadratisch bis rechteckig, kaum 0,5 mm lang, handförmig 3–4lappig (bis zur Hälfte oder zu ⅓ geteilt), ohne Blattrippe, oft nach unten zum Substrat eingebogen; Unterblätter handförmig 4lappig.
- Geschlechtsverteilung: einhäusig.
- Hüllkelche eilänglich, 3 mm lang, schwach 3kantig, oberseits mit 2–5 kurzen Zähnen.
- Sporenkapseln und Sporenreife: gelegentlich; Winter bis Sommer. Kapselstiel 0,5–1,5 cm lang, aus der Spitze kurzer Nebenzweige entspringend, Kapsel aufrecht, länglich keulig, schwarzbraun, mit 4 Klappen sich öffnend.

***Ähnliche Arten:*** nur mit der kräftigeren *L. cupressina* zu verwechseln (sehr seltene, atlantische Art, in Deutschland nur im West-Hunsrück und bei Baden-Baden gefunden), *Bazzania* sp. (unverzweigt oder gabelig verzweigt), alle anderen ähnlichen Moose haben unterschlächtige oder ungeteilte bzw. gefranste Blätter.

***Ökologisches Verhalten und Lebensraum:*** an schattigen Stellen auf feuchtem, kalkfreiem Waldboden, Humusbewohner, auch an Erdböschungen. Bevorzugt in Fichtenwäldern und Fichtenforsten. Wächst auch auf Gestein, Totholz und Rinde.

***Begleitarten:*** *Tetraphis pellucida, Dicranodontium denudatum, Blepharostoma trichophyllum, Nowellia curvifolia, Plagiothecium curvifolium, P. laetum* und *Herzogiella seligeri.*

***Zeigerwerte:*** L4 T3 K5 F5 R2 N2 ***Waldbindung:*** M1.1 M1.1 M1.1 M1.1 ***Ökologische Artengruppe:*** –

***Verbreitung:*** kühl-gemäßigte nördliche Halbkugel, von der Ebene bis in die Gebirge, vor allem in großen Waldgebieten.

***Gefährdung:*** Rote Liste Deutschland: *.

Geocalycaceae
Erdkelchmoose

# *Lophocolea bidentata* (L.) Dumort.

*Jungermannia bidentata* L.
Zweizähniges Kammkelch-Lebermoos
engl. Bifid Crestwort

1 *Pflanzen zwischen Polytrichum formosum*

2 *Flankenblätter mit halbmondförmiger Einbuchtung (s. Pfeile)*

3 *4zipflige Unterblätter (s. Pfeile)*

4 *Blättchen 2zeilig angeordnet*

***Name:*** *lophos* = Hahnenkamm, *koleos* = Hülle, wegen der grob gezähnten Mündung des Perianths; *bidentata* = 2zähnig, wegen der 2zipfligen Flankenblätter.

***Lebensform:*** lockere Rasen oder Filze aus hell- bis blassgrünen, ± durchsichtigen Pflanzen oder einzeln zwischen Moosen und Gräsern umherkriechend.

***Erkennungsmerkmale***

- Stämmchen 3–8 cm lang, 3–4 mm breit, kriechend, nicht oder locker gabelig bzw. fiedrig verzweigt, 2–3 (–4) mm breit, 2zeilig beblättert, meist undeutlich unterschlächtig; Flankenblätter bis 2 mm lang, nahezu längs gestellt, halbmondförmig ausgerandet, 2zipflig, auf etwa ¼ der Blattlänge in lang zugespitzte, 3eckige Lappen geteilt, ohne Blattrippe; Unterblätter klein, tief 2spaltig, zusätzlich am Außenrand mit je 1 Zahn.
- Geschlechtsverteilung: zweihäusig oder einhäusig.
- Hüllkelche an der Spitze der Stämmchen, weit herab 3kantig, am oberen Rand bewimpert.
- Sporenkapseln und Sporenreife: gelegentlich; Frühling. Kapselstiel durchsichtig, 0,5–1,5 cm lang, aus der Spitze des Stämmchens entspringend, Kapsel rundlich, dunkelbraunschwarz, mit 4 Klappen aufspringend.

2

3

*Ähnliche Arten:* Durch die 2zipfligen und 2zähnigen Unterblätter von allen anderen ähnlichen Lebermoosen verschieden! *Lophozia*-Arten haben keine Unterblätter! *L. heterophylla* (Flankenblättchen verschieden gestaltet: jüngere Blättchen an der Sprossspitze nur seicht ausgerandet, ältere Blättchen an der Sprossbasis 2zipflig; auf Bäumen, auf morschem Holz, Rinde, selten an Felsen und auf Erde), *Geocalyx graveolens* (Unterblätter bis fast zum Grund in 2 lanzettliche, fast parallele Lappen geteilt, seltene Art).

*Ökologisches Verhalten und Lebensraum:* an offenen und schattigen, feuchten Stellen, auf nährstoffreicheren wie auch mäßig sauren Böden, häufig zwischen anderen Laubmoosen und Gräsern kriechend. In Parkrasen, an grasigen Böschungen. Wächst auch auf Gestein, Totholz und Rinde.

*Begleitarten:* oft zwischen großen Astmoosen wie *Pseudoscleropodium purum* und *Rhytidiadelphus squarrosus*, außerdem mit *Plagiomnium*- und *Eurhynchium*-Arten, *Hylocomium splendens*, *Polytrichum formosum* und vielen anderen.

*Zeigerwerte:* L7 T3 K5 F6 R5 N3 *Waldbindung:* M2.1 M2.1 M2.1 M2.1
*Ökologische Artengruppe:* –

*Verbreitung:* Europa, Nordamerika. Von der Ebene bis in die obere Bergstufe.

*Gefährdung:* Rote Liste Deutschland: D.

*Wissenswertes:* Das austrocknungstolerante Lebermoos ist als Rasenunkraut bei Gärtnern sehr unbeliebt. Es riecht stark aromatisch.

4

1

Plagiochilaceae
Schiefmund-Lebermoose

# *Plagiochila asplenioides* (L.) Dumort.

*Jungermannia asplenioides* L.
Großes Muschelmoos, Großes Schiefmund-Lebermoos
engl. Greater Featherwort

1 *Rasen*
2 *Stämmchen gabelig verzweigt*
3 *Blattränder fein gezähnt*
4 *Flankenblätter auf der Stammoberseite herablaufend (s. Pfeile)*
5 *Flankenblätter Unterseite*

**Name:** *plagios* = schief, *cheilos* = Lippe, wegen der schiefen Hüllkelch-Mündung; *asplenioides* wegen der Ähnlichkeit mit kleinen Streifenfarnen der Gattung *Asplenium*.

**Lebensform:** lockere, oft ausgedehnte, hell- bis dunkelgrüne Rasen.

**Erkennungsmerkmale**

- Stämmchen rhizomartig kriechend, Äste bis 12 cm lang und 5–9 mm breit, aufsteigend oder aufrecht, nicht oder wenig gabelig verzweigt, Blättchen 2zeilig angeordnet, längs oder wenig schräg gestellt, unterschlächtig; Flankenblättchen 3–5 mm lang, ca. 3 (–4) mm breit, oval bis verkehrt eiförmig, muschelförmig hohl, durchscheinend, ohne Blattrippe, auf der Stämmchenoberseite herablaufend, am ganzen Rand fein gezähnelt; Unterblätter sehr klein oder fehlend.
- Geschlechtsverteilung: zweihäusig.
- Hüllkelche bis 1 cm lang, unten rundlich, oben schief zusammengedrückt, Mündung gezähnt.
- Sporenkapseln und Sporenreife: sehr selten; Frühling bis Sommer. Aus der Spitze des Stämmchens entspringend, Kapselstiel 1–2 cm lang, Kapsel kugelig bis eiförmig, braun, mit 4 Klappen aufspringend.

2

**Ähnliche Arten:** *P. porelloides* (in allen Teilen kleiner, kalkreichere Standorte, seltener auf Erde), *Bazzania trilobata* (Blättchen mit 3 Blattzipfeln, oberschlächtig, Unterseite mit bis über 5 cm langen, nackten Sprossen).

***Ökologisches Verhalten und Lebensraum:*** an schattigen, boden- und luftfeuchten, nährstoffreichen Standorten, ohne besondere Bodenansprüche, meidet stärker saure Unterlagen. In Nadelwäldern, besonders unter Fichte, in fast allen nicht zu trockenen Waldgesellschaften. Wächst auch auf Gestein und Totholz.

***Begleitarten:*** *Plagiomnium affine, P. undulatum, Thuidium tamariscinum, Rhytidiadelphus triquetrus, Eurhynchium angustirete, E. striatum.*

***Zeigerwerte:*** L4 T4 K5 F6 R6 N4 ***Waldbindung:*** M1.1 M1.1 M1.1 M1.1 ***Ökologische Artengruppe:*** III.4a

***Verbreitung:*** Nordamerika, Westasien und Europa, ausgenommen im hohen Norden, in Südeuropa nur in den Gebirgen.

***Gefährdung:*** Rote Liste Deutschland: *.

***Wissenswertes:*** Mit etwa 1200 Arten ist die Gattung die artenreichste Lebermoosgattung. Das Hauptverbreitungsgebiet liegt in den Tropen. Vorwiegend atlantisch verbreitet sind die 14 Arten in Europa und Makronesien.

Ptilidiaceae
Federchen-moose

# *Ptilidium ciliare* (L.) Hampe

Großes Federchenmoos, Wollmoos, Sand-Federchen-Lebermoos
engl. Ciliated Fringewort

1 *Rasen*
2 *3zipflige Flankenblätter (s. Pfeile)*
3 *Unterblätter, lang bewimpert (s. Pfeile)*
4 *Oberseite Stämmchen, ca. 3 cm*

***Name:*** *ptilion* = federartig, wegen der regelmäßig fiedrigen Verzweigung; *ciliare* = haarartig, wegen der haarig gefransten Blattränder, insgesamt samtigen Federn ähnlich.

***Lebensform:*** lockere, flache bis aufsteigende Rasen, gold- oder braungrün bis kupferfarben, im Schatten reingrün.

***Erkennungsmerkmale***

- Stämmchen 2–8 cm lang, bis 3 mm breit, niederliegend bis aufsteigend, in einer Ebene regelmäßig locker 1–3fach fiedrig verzweigt, 2zeilig beblättert, undeutlich oberschlächtig; Flankenblätter bis zu 2,4 mm lang, schräg angewachsen, bis auf die Hälfte in meist 3 3eckige Lappen geteilt, die Ränder dicht mit bis zu 0,3 mm langen Wimpern besetzt, ohne Blattrippe; Unterblätter quer gestellt, etwas kleiner als die Flankenblätter einfach oder 2lappig, ebenfalls bewimpert.
- Geschlechtsverteilung: zweihäusig.
- Hüllkelche groß, aufgeblasen, umgekehrt birnförmig, Mündung bewimpert.
- Sporenkapseln und Sporenreife: sehr selten; Herbst.

***Ähnliche Arten:*** *P. pulcherrimum* (Gesamthabitus deutlich verschieden, Stämmchen nur bis 2 cm lang, dichter verzweigt, fast ausschließlich fest angepresst an die Unterlage, epiphytisch auf Baumrinde, auch auf morschem Holz und an Felsen), *Trichocolea tomentella* (Äste fast rechtwinklig abgehend, schattige, feuchte bis nasse Standorte).

***Ökologisches Verhalten und Lebensraum:*** an mäßig beschatteten bis lichtreichen, trockenen, aber häufig luftfeuchten Standorten, auf saurem Humus, streng kalkmeidend. In Kiefernwäldern, Heidewäldern, Sanddünen, Calluna-Heiden, in Steinbrüchen, auf Felsköpfen und in Blockhalden meist zwischen Zwergsträuchern, bevorzugt in montanen Lagen. Wächst auch auf Gestein, Totholz und Rinde.

***Begleitarten:*** *Pleurozium schreberi, Dicranum polysetum, D. spurium, Rhytidiadelphus loreus,* oft zwischen *Calluna vulgaris, Vaccinium myrtillus, V. vitis-idaea* und *Deschampsia flexuosa.*

***Zeigerwerte:*** L8 T3 K6 F4 R2 N2 ***Waldbindung:*** M2.1 M2.1 M2.2 M2.1 ***Ökologische Artengruppe:*** I.1

***Verbreitung:*** auf der Nordhalbkugel weit verbreitet, in Südamerika und Neuseeland selten. In Europa von der borealen Nadelwaldzone im Norden bis Nordspanien und Norditalien im Süden. In Deutschland liegt der Verbreitungsschwerpunkt im Osten des Gebietes. In den Kiefernwäldern auf armen Sandböden von der niedersächsischen Ebene bis in die Lausitz besitzt sie ein geschlossenes Areal. Ein zweites Verbreitungszentrum sind die herzynischen Mittelgebirge.

***Gefährdung:*** Rote Liste Deutschland: 3.

***Wissenswertes:*** Die Federchenmoose sind eine relativ isoliert stehende Familie. Die Zerteilung der Blättchen und die dichte Bewimperung an den Blatträndern dienen der Tauaufnahme und werden als Anpassung an trockene Standorte gedeutet.

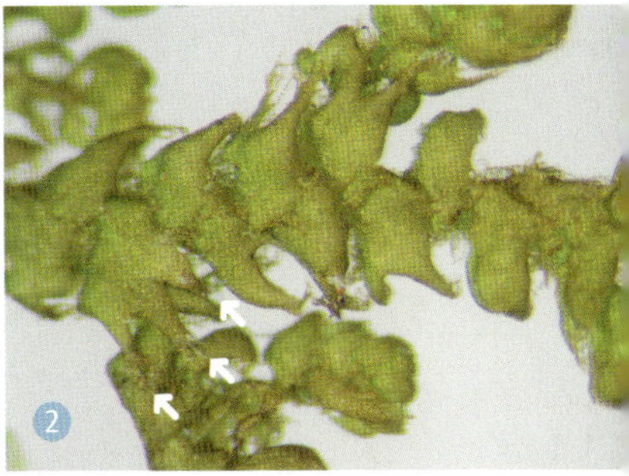
2

3

4

# Anhang

# Glossar



| | |
|---|---|
| **autözisch** | Archegonien und Antheridien auf verschiedenen Ästen derselben Pflanze |
| **Antheridium** | männliches, Spermatozoide bildendes Geschlechtsorgan (Gametangium) |
| **Apophyse** | Hals der Laubmooskapsel |
| **Archegonium** | weibliches, eine Eizelle enthaltendes Geschlechtsorgan (Gametangium) |
| **akrokarp** | gipfelfrüchtig, Gipfelmoose; Gametophyt aufrecht oder wenig verzweigt, Sporogone stehen an der Spitze der Stämmchen oder auf kurzen Hauptästen bei Laubmoosen |
| **Assimilationslamellen** | mehrere Zellen hohe Längsreihen auf der Oberseite der Rippen mancher Laubmoose (z. B. Polytrichaceae) |
| **Bauchschuppen** | lanzettliche Anhängsel an der Unterseite der Thalli der Marchantiales |
| **Blattflügelzellen** | an den Seiten des Blattgrundes, oft anders gestaltet als die übrigen Laminazellen bei Laubmoosen; können bei trockenem oder nassem Wetter die Blattposition kontrollieren |
| **Blattrippe** | kann bei Laubmoosen vor der Blattspitze enden oder über die Spitze austreten, sehr breit sein und die gesamte Blattbreite einnehmen, kurz und doppelt ausgebildet sein oder ganz fehlen |
| **Blattscheide** | basaler Teil des Blattes, deutlich abgesetzt von der Lamina, oft verbreitert und wasserhell; ist am Bewegungsmechanismus beteiligt und dient außerdem der Wasserleitung (z. B. Polytrichum) |
| **Cilien** | Wimpern, s. beblätterte Lebermoose |
| **Chlorozyten** | Grünzellen; chloroplastenhaltige assimilierende Zellen (z. B. bei Torfmoosen) |
| **Costa** | s. Blattrippe |
| **Deckel** | Kapseldeckel |
| **diploid** | mit doppeltem Chromosomensatz |
| **diözisch** | zweihäusig; die Geschlechter befinden sich auf verschiedenen Pflanzen |

| | |
|---|---|
| **Elateren** | Schleuderfäden zwischen den Sporen bei Lebermoosen; ihre hygroskopischen Bewegungen befördern die Sporenausstreuung |
| **Epiphragma** | nur bei Polytrichaceae: bleiche Haut auf der Kapselöffnung; erst sichtbar, wenn der Deckel abgefallen ist |
| **Faszikel** | Büschel von Seitenästen bei den Torfmoosen |
| **Flagellen** | dünne, kleinblättrige, meist der vegetativen Reproduktion dienende Seitensprosse (z. B. bei *Bazzania trilobata*) |
| **Flankenblätter** | 2zeilig angeordnete, meist seitlich ausgebreitete Blätter der Lebermoose |
| **Gamet** | Geschlechtszelle |
| **Gametophyt** | haploide, geschlechtliche Generation; grüne Moospflanze |
| **Gametangium** | Gameten (Spermatozoiden bzw. Eizellen) bildendes Geschlechtsorgan |
| **Glashaar** | meist farbloser oder braun gefärbter haarförmiger Fortsatz an der Spitze von Laubmoosblättern |
| **haploid** | mit einfachem Chromosomensatz |
| **Haube** | Kalyptra; die aus dem Archegonienhals hervorgehende, später abfallende Hülle der Laubmooskapsel |
| **homoiohydrisch** | eigenfeucht |
| **hyalin** | wasserhell, durchsichtig |
| **Hyalozyten** | Wasser speichernde, chlorophyllfreie Zellen (z. B. bei Torfmoosen) |
| **Kalyptra** | s. Haube |
| **krenuliert** | Blattrand durch nach außen vorspringende Zellecken einzelner Randzellen regelmäßig leicht gezähnt |
| **Lamina** | Blattfläche ohne Rippe |
| **Lebensform** | Organisation der Individuengruppen bei Moosen (Definitionen: s. Hinweise zu den Porträts) |
| **Makronemata** | kräftige und blattachselständige Rhizoiden (z. B. bei *Rhizomnium punctatum*) |

| | |
|---|---|
| **Mikronemata** | dünne, dem Stämmchen entspringende Rhizoiden (beide Arten bei *Rhizomnium pseudopunctatum*) |
| **monözisch** | einhäusig; beide Geschlechter auf einer Pflanze |
| **oberschlächtig** | Anordnung der Flankenblätter bei foliosen Lebermoosen: Bei der Aufsicht auf die Oberseite des Stämmchens tauchen die hinteren Blattränder unter das nächstältere Blatt ab, nur die vorderen Blattränder sind sichtbar. |
| **Paraphyllien** | pfriemliche oder zerschlitzte stämmchenbürtige, blattartige, oft fädig verzweigte Gebilde zwischen den eigentlichen Blättern (z. B. bei *Thuidium tamariscinum*) |
| **Perianth** | Hüllkelch aus 3 verwachsenen Blättern um die Archegonien bei beblätterten Lebermoosen |
| **Perichaetialblätter** | anders gestaltete Hüllblätter um Gametangienstände |
| **Perichaetium** | aus Perichaetialblättern gebildete Hülle um die Gametangienstände der Laubmoose |
| **Peristom** | zahnartiger Besatz an der Mündung der Laubmooskapsel aus 4, 16, 32 oder 64 Peristomzähnen |
| **pleurokarp** | seitenfrüchtig, Astmoose; Gametophyt meistens niederliegend, stark bis fiedrig verzweigt. Die Sporogone entspringen einem stark reduzierten Seitenast. |
| **poikilohydrisch** | wechselfeucht |
| **Pseudopodium** | dem Gametophyten zugehöriger Kapselfuß der Torfmoose |
| **Rhizoide** | «Wurzelhaare» der Moose: haardünne, selten verzweigte Auswüchse der Stämmchen von Laubmoosen (mehrzellig) oder der Thalli von Lebermoosen (einzellig) |
| **Seta** | Kapselstiel |
| **Spermatozoide** | Schwärmzellen; begeißelte, männliche Geschlechtszellen (Gameten) |
| **Sporogon** | s. Sporophyt (Kapsel und Kapselstiel) |
| **Sporophyt** | diploide Sporengeneration; Sporogon auf der haploiden, grünen Moospflanze |

**synözisch** zwittrig; weibliche und männliche Gametangien im selben Perichaetium

**Thallus** langer, nicht in Stamm und Blätter gegliederter Pflanzenkörper. Adj. thallos

**unterschlächtig** Anordnung der Flankenblätter bei foliosen Lebermoosen: Bei der Aufsicht auf die Oberseite des Stämmchens tauchen die vorderen Blattränder unter das nächstjüngere Blatt ab, nur die hinteren Blattränder sind sichtbar.

# Literatur

## Vorwort

**Arbeitskreis Standortskartierung** in der Arbeitsgemeinschaft Forsteinrichtung. 2016. Forstliche Standortsaufnahme. 7. Auflage. IHW, Eching bei München

**Hodgetts** N. et al. 2019. A miniature world in decline: European Red List of mosses, liverworts and hornworts. IUCN, Brussels

**Lohwag** K. 1948. Moose des Waldes. 2. Auflage. Deuticke, Wien

**Mayer** A., Schönhar S. 1982. Waldmoose. 7. Auflage. Verein Forstliche Standortskunde und Forstpflanzenzüchtung, Stuttgart

**Scheffold** L. 1955. Unsere häufigsten Waldmoose: ein Handbuch für Forstmänner und Naturfreunde. 2. Auflage. Selbstverlag, Tannheim

**Schreiter** S. 1955. Moose und Flechten des Waldes. Deutscher Bauernverlag, Berlin



## Lebensweise und Bau

**Aichele** D., Schwegler H.-W. 1993. Unsere Moos- und Farnpflanzen. 10. Auflage. Franckh-Kosmos, Stuttgart

**Asakawa** Y., Ludwiczuk A., Nagashima F. 2013. Chemical constituents of bryophytes: bio- and chemical diversity, biological activity, and chemosystematics. Springer, Wien

**Cronberg** N. 2012. Animal-mediated fertilization in bryophytes: parallel or precursor to insect pollination in angiosperms? Lindbergia 35, 76–85

**Dey** A., Mukherjee A. 2015. Therapeutic potential of bryophytes and derived compounds against cancer. Journal of the Acute Disease 4(3), 236–248

**Düll** R., Düll-Wunder B. 2012. Moose einfach und sicher bestimmen. 2. Auflage. Quelle & Meyer, Wiebelsheim

**Frahm** J.-P. 2006. Moose – Eine Einführung. Weissdorn, Jena

**Frahm** J.-P. 2010. Mit Moosen begrünen – Gärten, Dächer, Mauern, Terrarien, Aquarien, Straßenränder. Weissdorn, Jena

**Frahm** J.-P. 2018. Biologie der Moose. Springer Spektrum, Berlin

**Frahm** J.-P., Klaus D. 2000. Moose als Indikatoren von rezenten und früheren Klimafluktuationen in Mitteleuropa. NNA-Berichte 2/2000, 69–75

**Glime** J. M. 2007-2017. Bryophyte ecology. Ebook sponsored by Michigan Technological University and the International Association of Bryologists. http://digitalcommons.mtu.edu/bryophyte-ecology/ (zuletzt abgerufen am 22.10.2019)

**Kadereit** J. W., Körner C., Kost B., Sonnewald U. 2014. Strasburger – Lehrbuch der Pflanzenwissenschaften. 37. Auflage. Springer, Berlin

**Kollmann** J., Kirmer A., Tischew S., Hölzel N., Kiehl K. 2019. Renaturierungsökologie. Springer Spektrum, Berlin

**La Farge** C., Williams K. H., England J. H. 2013. Regeneration of Little Ice Age bryophytes emerging from a polar glacier with implications of totipotency in extreme environments. Proceedings of the National Academy of Sciences of the United States of America 110, 9839–9844

**Lewis** L. R., Behling E., Gousse H., Qian E., Elphick C. S., Lamarre J., Bêty J., Liebezeit J., Rozzi R., Goffinet B. 2014. First evidence of bryophyte diaspores in the plumage of transequatorial migrant birds. PeerJ 2:e424

**Pope** R. 2016. Mosses, liverworts, and hornworts – A field guide to common bryophytes of the Northeast. Cornell University Press, Ithaca/ New York

**Probst** W. 1987. Biologie der Moos- und Farnpflanzen. UTB 1418. Quelle & Meyer, Heidelberg, Wiesbaden

**Proctor** M. C. F., Tuba Z. 2002. Poikilohydry and homoihydry: antithesis or spectrum of possibilities? New Phytologist 156, 327–349

**Proctor** M. C. F. 2011. Climatic responses and limits of bryophytes: comparisons and contrasts with vascular plants. In: Tuba Z., Slack N. G., Stark L. R. (eds.) Bryophyte ecology and climate change. Cambridge University Press, Cambridge

**Wilkinson** D. M., Lovas-Kiss A., Callaghan D. A., Green A. J. 2017. Endozoochory of large bryophyte fragments by waterbirds. Cryptogamie, Bryologie 38, 223–228

## Lebensraum Wald

**Arbeitskreis Standortskartierung** in der Arbeitsgemeinschaft Forsteinrichtung. 2016. Forstliche Standortsaufnahme. 7. Auflage. IHW, Eching bei München

**Bernhardt-Römermann** M., Poschlod P., Hentschel J. 2018. BryForTrait – a life-history trait database of forest bryophytes. Journal of Vegetation Science 29, 798–800

**Caspari** S., Dürhammer O., Sauer M., Schmidt C. 2018. Rote Liste und Gesamtartenliste der Moose (Anthocerotophyta, Marchantiophyta und Bryophyta) Deutschlands. In: Metzing D., Hofbauer N., Ludwig G., Matzke-Hajek G. (Red.) 2018. Rote Liste gefährdeter Tiere, Pflanzen und Pilze Deutschlands. Naturschutz und Biologische Vielfalt 70 (7), 361–489

**Ellenberg** H., Leuschner C. 2010. Vegetation Mitteleuropas mit den Alpen – in ökologischer, dynamischer und historischer Sicht. 6. Auflage. Ulmer, Stuttgart

**Gläser** A. 1994. Moosflora und -vegetation in den Wäldern auf Muschelkalk und Buntsandstein bei Göttingen. Limprichtia 4, 1–155

**Hofmeister** H. 1990. Lebensraum Wald. 3. Auflage. Paul Parey, Hamburg, Berlin

**Riček** E. W. 1994. Die Waldbodenmoose Österreichs. Abhandlungen der Zoologisch-Botanischen Gesellschaft in Österreich 28

**Schmidt** M., Kriebitzsch W.-U., Ewald J. 2011. Waldartenlisten der Farn- und Blütenpflanzen, Moose und Flechten Deutschlands. BfN-Skripten 299, 1–111

**Walentowski** H., Ewald J., Fischer A., Kölling C., Türk W. 2004. Handbuch der natürlichen Waldgesellschaften Bayerns. Bayerische Landesanstalt für Wald und Forstwirtschaft LWF (Hrsg.), Geobotanica, Freising

## Bestimmungsschlüssel

**Aichele** D., Schwegler H.-W. 1993. Unsere Moos- und Farnpflanzen. 10. Auflage. Franckh-Kosmos, Stuttgart

**Dierßen** K. 1996. Bestimmungsschlüssel der Torfmoose in Norddeutschland. Mitteilungen der Arbeitsgemeinschaft Geobotanik in Schleswig-Holstein und Hamburg 50

**Frahm** J.-P., Frey W. 2004. Moosflora. 4. Auflage. UTB 1250. Ulmer, Stuttgart

**Haller** B., Probst W. 1983. Botanische Exkursionen, Band I: Winterhalbjahr. Laubgehölze im winterlichen Zustand, Nadel-Nacktsamer, Farnpflanzen, Moospflanzen, Flechten, Pilze. Springer Spektrum, Heidelberg

**Hölzer** A. 2010. Die Torfmoose Südwestdeutschlands und der Nachbargebiete. Weissdorn, Jena

**Nebel** M., Philippi G. 2000. Die Moose Baden-Württembergs. Allgemeiner Teil; Spezieller Teil (Bryophytina I, Andraeales bis Funariales) (Vol. 1). Ulmer, Stuttgart

**Nebel** M., Philippi G. 2001. Die Moose Baden-Württembergs. Spezieller Teil (Bryophytina II, Schistostegales bis Hypnobryales) (Vol. 2). Ulmer, Stuttgart

**Nebel** M., Philippi G. 2005. Die Moose Baden-Württembergs. Spezieller Teil (Bryophytina: Sphagnopsida, Marchantiophyta, Anthocerotophyta) (Vol. 3). Ulmer, Stuttgart

**Pope** R. 2016. Mosses, liverworts, and hornworts: a field guide to common bryophytes of the Northeast. Cornell University Press, Ithaca/New York

**Riček** E. W. 1994. Die Waldbodenmoose Österreichs. Abhandlungen der Zoologisch-Botanischen Gesellschaft in Österreich 28

**Zechmeister** H. G. 1995. Feldschlüssel zur Bestimmung von häufigen Waldmoosen. Verhandlungen der Zoologisch-Botanischen Gesellschaft in Österreich 132, 265–291

## Porträts

**Aichele** D., Schwegler H.-W. 1993 Unsere Moos- und Farnpflanzen. 10. Auflage. Franckh-Kosmos-Verlag, Stuttgart

**Alegro** A., Šegota V., Papp B., Deme J., Kovács D., Purger D., Csikye J. 2018. The invasive moss *Campylopus introflexus* (Hedw.) Brid. (Bryophyta) spreads further into South-Eastern Europe. Cryptogamie, Bryologie 39, 331–341

**Arbeitskreis Standortskartierung** in der Arbeitsgemeinschaft Forsteinrichtung. 2016. Forstliche Standortsaufnahme. 7. Auflage. IHW, Eching bei München

**Asakawa** Y., Ludwiczuk A., Nagashima F. 2013. Chemical constituents of bryophytes: bio- and chemical diversity, biological activity, and chemosystematics. Springer, Wien

**Atherton** I., Bosanquet S. D. S., Lawley M. 2010. Mosses and liverworts of Britain and Ireland – a field guide. British Bryological Society, Plymouth

**Berg** C. 2018. Wie nützlich sind biogeographische Zeigerwerte europäischer Moose? In: Bryologisch-lichenologische Arbeitsgemeinschaft für Mitteleuropa (BLAM) (Hrsg.) Europas Kryptogamenflora im Wandel 50 Jahre Erforschung und Schutz von Moosen und Flechten in Mitteleuropa. Ulmer, Stuttgart.

**Bernhardt-Römermann** M., Poschlod P., Hentschel J. 2018. BryForTrait – a life-history trait database of forest bryophytes. Journal of Vegetation Science 29, 798–800

**Bertram** J. 2005. Herkunft und Bedeutung der Gattungsnamen der in Deutschland, in der Schweiz und in Österreich vorkommenden Moose. Meylania 32 & 33, 1–76

**Bertsch** K. 1959. Moosflora von Südwestdeutschland. 2. Auflage. Ulmer, Stuttgart

**Carter** B. E. 2014. Ecology and distribution of the introduced moss *Campylopus introflexus* (Dicranaceae) In Western North America. Madroño 61, 82–86

**Caspari** S., Dürhammer O., Sauer M., Schmidt C. 2018. Rote Liste und Gesamtartenliste der Moose (Anthocerotophyta, Marchantiophyta und Bryophyta) Deutschlands. In: Metzing D., Hofbauer N., Ludwig G., Matzke-Hajek G. (Red.) Rote Liste gefährdeter Tiere, Pflanzen und Pilze Deutschlands. Naturschutz und Biologische Vielfalt 70 (7), 361–489

**Chandra** S., Chandra D., Bahr A., Pankaj, Pandaj R. K., Sharma I. P. 2017. Bryophytes: Hoard of remedies, an ethno-medicinal review. Jounal of Traditional and Complementary Medicine 7, 94–98

**Dierssen** K. 1996. Bestimmungsschlüssel der Torfmoose in Norddeutschland. Mitteilungen der Arbeitsgemeinschaft Geobotanik in Schleswig-Holstein und Hamburg 50

**Dierssen** K., Dierssen B. 2008. Moore. Ulmer, Stuttgart

**Dillenius** J. J. 1741. Historia muscorum. Oxonia

**Düll** R. 1991. Zeigerwerte von Moosen. In: Ellenberg H., Weber H. E., Düll R., Wirth V., Werner W., Paulißen D. 1991. Zeigerwerte von Pflanzen in Mitteleuropa. Scripta Geobotanica 18, 175–214

**Düll** R., Düll-Wunder B. 2012. Moose einfach und sicher bestimmen – Die wichtigsten mitteleuropäischen Arten im Porträt. 2. Auflage. Quelle & Meyer, Wiebelsheim

**Ellenberg** H., Weber H. E., Düll R., Wirth V., Werner W., Paulißen D. 1991. Zeigerwerte von Pflanzen in Mitteleuropa. Scripta Geobotanica 18

**Frahm** J.-P., Frey W. 2004. Moosflora. 4. Auflage. Ulmer, Stuttgart

**Frahm** J.-P. 2018. Biologie der Moose. Springer Spektrum, Berlin

**Frahm** J.-P., Eggers J. 2001. Lexikon deutschsprachiger Bryologen. Selbstverlag, Bonn

**Frey** W., Stech M., Fischer E. 2009. Adolf Engler´s Syllabus der Pflanzenfamilen. Part 3: Bryophytes and seedless vascular plants. Gebrüder Borntraeger, Berlin, Stuttgart

**Glime** J. M. 2017. Adaptive strategies: growth and life forms. Chapt. 4–5. In: Glime J. M. Bryophyte ecology. Volume 1. 4-5-1 Physiological ecology. Ebook sponsored by Michigan Technological University and the International Association of Bryologists. http://digitalcommons.mtu.edu/bryophyte-ecology/ (zuletzt abgerufen am 25.10.2019)

**Hedenäs** L. 1994. Schlüssel für die Sippen des *Hypnum cupressiforme*-Komplexes der Schweiz. Meylania 6, 10–14

**Hill** M. O., Bell N., Bruggeman-Nannenga M. A., Brugués M., Cano M. J., Enroth J., Flatberg K. I., Frahm J.-P., Gallego M. T., Garilleti R., Guerra J., Hedenäs L., Holyoak D. T., Hyvönen, Ignatov M. S., Lara F., Mazimpaka V., Muñoz J., Söderström L. 2006. An annotated checklist of the mosses of Europe and Macaronesia. Bryological Monographs. Journal of Bryology 28, 198–267

**Hill** M. O., Preston C. D., Bosanquet S. D. S., Roy D. B. 2007. BRYOATT – Attributes of British and Irish mosses, liverworts and hornworts. Centre of Ecology and Hydrology (CEH), Wallingford/UK

**Hodgetts** N. G. 2015. Checklist and country status of European bryophytes – towards a new Red List for Europe. Irish Wildlife Manuals 84, 1–125

**Hodgetts** N. et al. 2019. A miniature world in decline: European Red List of mosses, liverworts and hornworts. IUCN, Brussels

**Hugonnot** V., Celle J., Pépin F. 2017. Mousses et hépatiques de France. Manuel d´identification des espèces communes. Biotope, Mèze

**Landwehr** J. 1984. Nieuwe atlas Nederlandse bladmossen. Thieme, Zutphen

**Mägdefrau** K. 1969. Die Lebensformen der Laubmoose. Vegetatio, 16(5-6), 285–297

**Mägdefrau** K. 1982. Life-forms of bryophytes. In: Smith A. J. E. (ed.) 1982. Bryophyte ecology. Chapman and Hall, London, 45–58

**Mayer** A., Schönhar S. 1982. Waldmoose. 7. Auflage. Verein Forstliche Standortskunde und Forstpflanzenzüchtung, Stuttgart

**Nebel** M., Philippi G. 2000. Die Moose Baden-Württembergs. Allgemeiner Teil; Spezieller Teil (Bryophytina I, Andraeales bis Funariales) (Vol. 1). Ulmer, Stuttgart

**Nebel** M., Philippi G. 2001. Die Moose Baden-Württembergs. Spezieller Teil (Bryophytina II, Schistostegales bis Hypnobryales) (Vol. 2). Ulmer, Stuttgart

**Nebel** M., Philippi G. 2005. Die Moose Baden-Württembergs. Spezieller Teil (Bryophytina: Sphagnopsida, Marchantiophyta, Anthocerotophyta) (Vol. 3). Ulmer, Stuttgart

**Nebel** M., Kreier H. P., Preußing M., Weiß M., Kottke I. 2004. Symbiotic fungal associations of liverworts are the possible ancestors of mycorrhizae. In: Agerer R., Piepenbring M., Blanz P., (eds.) 2004. Frontiers in basidiomycote mycology. IHW, Eching, 339–360

**Pope** R. 2016. Mosses, liverworts, and hornworts – A field guide to common bryophytes of the Northeast. Cornell University Press, Ithaca/ New York

**Riček** E. 1994. Die Waldbodenmoose Österreichs – mit Illustrationen. Bearbeitet von H.G. Zechmeister. Abbhandlungen Zoologisch-Botanische Gesellschaft Österreich 28

**Ruiz-Molina** N., Villalobos-López M. Á., Arias-Zabala M. 2016. Protonema suspension cultures of the medicinal moss *Polytrichum juniperinum*. In Vitro Cellular and Developmental Biology-Plant 52, 419–426

**Scheffold** L. 1955. Unsere häufigsten Waldmoose: ein Handbuch für Forstmänner und Naturfreunde. 2. Auflage. Selbstverlag, Tannheim

**Schmidt** M., Kriebitzsch W.-U., Ewald J. 2011. Waldartenlisten der Farn- und Blütenpflanzen, Moose und Flechten Deutschlands. BfN-Skripten 299, 1–111

**Sérgio** C., Garcia D. A., Stow S., Martins A., Vieira C., Hespahnorl H., Sim-Sim M. 2018. How are anthropogenic pressures facilitating the invasion of *Campylopus introflexus* (Dicranaceae, Bryopsida) in mainland Portugal? Cryptogamie, Bryologie 39, 281–292

**Smith** A. J. E. 2004. The moss flora of Britain and Ireland. 2nd edition. Cambridge University Press, Cambridge

**Tripp** F. E. 1874. British mosses, their homes, aspects, structure and uses. George Bell and Sons, London

**Urmi** E. 2010. Teil II Brypphyta. In: Landolt E., Bäumler B., Erhardt A., Hegg O., Klötzli F., Lämmler W., Nobis M., Rudmann-Maurer K., Schweingruber F. H., Theurillat J.-P., Urmi E., Vust M., Wohlgemuth T. Flora indicativa: Ökologische Zeigerwerte und biologische Kennzeichen zur Flora der Schweiz und der Alpen. Haupt, Bern

**Urmi** E. 2014. Nomen est omen — Die Bedeutung der Art- und Unterart-Epitheta der Schweizer Moosflora. Meylania 53 (2014), 3–80

**Wirth** V., Düll R., Caspari S. 2018. Ulmers Taschenatlas Flechten und Moose. 2. Auflage. Ulmer, Stuttgart

# Verzeichnis der wissenschaftlichen Namen



Anhang

Anhang

## Verzeichnis der deutschen Namen

## H



## K



Anhang

## T



## U



## V



## W

**Namen der Arten auf den Abbildungen der folgenden Seiten**

| | |
|---|---|
| S. 7 | *Rhytidiadelphus triquetrus* |
| S. 8/9 | *Polytrichum formosum* |
| S. 34/35 | *Sphagnum capillifolium* |
| S. 36 | *Leucobryum glaucum* |
| S. 37 | *Pogonatum urnigerum* |
| S. 47 | *Sphagnum squarrosum* |
| S. 49 | *Plagiochila asplenioides* |
| S. 51 | *Ptilidium ciliare* |
| S. 52/53 | *Polytrichum formosum* |
| S. 54 | *Rhytidiadelphus loreus* |
| S. 63 | *Thuidium tamariscinum* |
| S. 178/179 | *Pogonatum urnigerum* |

**Dr. Christine Rapp** ist Biologin und Lehrkraft an der Fakultät für Forstwissenschaften und Waldökologie der Georg-August-Universität Göttingen.

2. Auflage: 2026
1. Auflage: 2020

ISBN 978-3-258-08454-1

Umschlaggestaltung: pooldesign.ch, Zürich
Gestaltung und Satz: tiff.any GmbH & Co. KG, Berlin

Bildnachweis: Alle Fotos stammen von der Autorin, mit Ausnahme von Abb. 1 und Abb. 4 bei *Dicranum majus* (Bildautor: Helge Walentowski)



Wir drucken mit mineralölfreien Farben und verwenden FSC®-zertifiziertes Papier. FSC® sichert die Nutzung der Wälder gemäß sozialen, ökonomischen und ökologischen Kriterien.
Gedruckt in der Tschechischen Republik

FSC www.fsc.org MIX Papier | Fördert gute Waldnutzung FSC® C010798

Diese Publikation ist in der Deutschen Nationalbibliografie verzeichnet. Mehr Informationen dazu finden Sie unter http://dnb.dnb.de.

Der Haupt Verlag wird vom Bundesamt für Kultur für die Jahre 2026–2028 unterstützt.

Wir verlegen mit Freude und großem Engagement unsere Bücher. Daher freuen wir uns immer über Anregungen zum Programm und schätzen Hinweise auf Fehler im Buch, sollten uns welche unterlaufen sein. Falls Sie regelmäßig Informationen über die aktuellen Titel im Bereich Natur & Garten erhalten möchten, folgen Sie uns über Social Media oder bleiben Sie via Newsletter auf dem neuesten Stand.

Haupt Verlag AG
Falkenplatz 14
CH-3012 Bern
herstellung@haupt.ch
www.haupt.ch

Verantwortlich in der EU (GPSR):
Brockhaus Kommissionsgeschäft GmbH
Kreidlerstr. 9
DE-70806 Kornwestheim
haupt@brocom.de